生物质能源烤烟供热系统的理论与实践

王建安　著

U0239446

中国农业出版社

北　京

图书在版编目（CIP）数据

生物质能源烤烟供热系统的理论与实践／王建安著
．—北京：中国农业出版社，2023.1
ISBN 978-7-109-30331-7

Ⅰ．①生…　Ⅱ．①王…　Ⅲ．①烟叶烘烤－研究　Ⅳ.
①TS44

中国国家版本馆 CIP 数据核字（2023）第 002602 号

中国农业出版社出版

地址：北京市朝阳区麦子店街 18 号楼
邮编：100125
责任编辑：赵　刚
版式设计：杜　然　责任校对：吴丽婷
印刷：北京中兴印刷有限公司
版次：2023 年 1 月第 1 版
印次：2023 年 1 月北京第 1 次印刷
发行：新华书店北京发行所
开本：720mm×960mm　1/16
印张：10
字数：160 千字
定价：68.00 元

前　　言

良好生态环境是普惠民生的福祉。传统燃煤烤烟供热热效率低且环境污染严重，生物质能源替代燃煤烤烟供热，能够有效缓解当前环境污染的问题。针对农作物秸秆资源的能源转化已成为学术界研究的热点，有学者表明生物质燃料为烤烟供热是实现烟草绿色生产的最佳途径。

本书立足于当前我国烤房的标准构造，分别从烤房的发展历程、当前我国烤房的建造标准、生物质颗粒燃料供热设备的设计与制造、烤烟用生物质燃料的生产加工和抗结焦试剂的参配等方面展开介绍。

对于生物质颗粒燃料烤烟供热设备生产与制造，一是对已经淘汰的燃煤供热设备，结合生物质颗粒燃料的燃烧特性，设计专门内置式生物质烤烟供热设备。二是对未淘汰的密集烤房燃煤设备，利用原有燃煤炉膛的添料口通过插接的方式设计出外置式生物质燃烧机。同时围绕着"节能减排、省工降本"，在原有燃煤烤烟控制仪基础上，改造升级成生物质颗粒燃料烤烟控制仪，实现了烤烟供热的远程自动化监控。

在摸清了河南烟区生物质资源分布状况的基础上，开展了生物质燃料的原料收集、尝试了颗粒燃料从生产密度、容重和含水量的控制等方面的试验生产和加工实践。开展了生物质燃料生产组织模式的实践探讨，根据河南烟区的地理、经济和农村农业的现状，通过综合效益评估得出两种可行的生物质燃料生产组织方式。

以常见的生物质原料为原料，开展了烤烟供热生物质成型颗粒燃料配方的研究；针对烟秆生物质原料易结渣的特点，通过添加抗结焦剂进行除渣试验。同时面对社会上出现烤烟供热粒径混乱的现象，进行了生物质颗粒燃料能量密度试验。

该书在编写的过程中得到了河南省烟草公司、许昌同兴现代农业科技有限公司及烟草行业领导、同事、同学的关心、鼓励和支持，在此表示衷心的感谢，对三门峡市烟草公司技术中心、许昌市烟草公司技术中心和洛阳市烟草公司技术中心有关专家及有关文献作者提供的素材和帮助也一并表示真诚的谢意。

由于作者水平有限，本书错误之处在所难免，敬请各位读者谅解并提出宝贵的意见，以便再版时修正完善，作者愿与烟草行业同仁一道为促进清洁能源供热设备技术改造提升做出应有的贡献。

著　者

2022 年 9 月于郑州

目　　录

第一章 绪 论

烟草经过人类几百年的栽培驯化，因其种质资源 DNA 的遗传多样性，衍变成不同的种植类型。目前在世界范围内大面积种植的烟草类型有烤烟、白肋烟、晒烟和香料烟等。成熟的烤烟烟叶在采收后必须装入烤房，在一定的时间内和在其周围环境的温、湿度被控制的条件下进行调制（俗称为"烘烤"），才能满足工业对原料的需求。在此过程中需要持续的外来热量，才能帮助叶片完成一系列的生理生化反应和脱水干燥。在烤烟生产的诸多农业流程中，烤烟的调制是决定其品质和经济效益的关键环节，也是最为耗费热能的环节，涉及从采收到烘烤多个不同的工序，受不同烟区气候、经济和种植规模等因素影响较大。

第一节 清洁能源烤烟的意义

烤烟离不开火，虽然我国的密集烤房较以往普通烤房在装烟容量和烘烤性能等方面得到明显的提升，但是提供热源的燃料，仍然采用传统的以燃煤为主的"一房一炉、单炉单烤"供热，占比超过 95%。燃料的供热普遍采用直接燃烧的方式，即人工把煤炭添加到供热设备的炉膛内引燃，助燃空气从炉算下方的炉体内进入，燃料的颗粒接触氧气后燃烧产生热量，然后经过散热管道向烤房加热室内散发热量，最后通过烟囱排放到外界环境中。于是，烟叶在密集烤房内烘烤的过程中，燃料燃烧产生的 CO、NO、NO_2、SO_2 和粉尘等经烟囱排入大气中，会造成环境污染。全国范围内按烘烤 1kg 干烟耗费 $1.5\sim2.0kg$ 煤炭计算，全国每年烘烤烟叶需要耗费煤炭约 300 万~400 万 t，CO_2 排放量接近 800 万 t，烟尘约 60 万 t，有毒气体 3 万~5 万 t。人为空气污染颗粒和二氧化碳的排放造成的全球变暖已成为严重的环境问题。每年的7—9 月是我国大多数烟区烟叶烘烤的季节，密集烤房群周围到处可见弥漫的烟尘和烟雾，其中局部 SO_2 浓度高达 $0.57mg/m^3$ 以上，能够随风水平地扩展到不远处的村庄，对附近沿途的作物生长发育和产品质量以及人畜健康均产生不利的影响。而且这些粉尘颗粒对于雾霾的形成起到了重要的作用，且在大气中的停留时间长、输送距离远。

哥本哈根世界环境会议后，世界各国都在关注人与自然的和谐发展，越来越强调节能减排、发展低碳经济。近几年，我国经济发展迅速，消耗的能源与国民经济成比例地增长，随着部分城市严重雾霾天气频繁发生，传统烘烤烟叶所采取的燃煤供热方式所产生的空气污染问题愈发凸显。良好生态环境是普惠民生的福祉，绿水青山就是金山银山。人与自然和谐共生，是构建和谐社会的重要组成部分，是人类文明得以延续和发展的载体，可以减少或消除因生态破坏、环境污染和资源短缺导致的各种社会矛盾。为了加强我国对环境保护的重视力度，2018 年 3 月 5 日，李克强总理在全国两会的政府工作报告中强调 SO_2 和 NO_x 的排放量下降 3%，重点地区细颗粒物（PM 2.5）浓度继续下降。

在煤炭燃烧烘烤烟叶过程中，存在少量燃料从炉箅漏落、部分燃料燃烧不充分、烤房墙体散热、烟囱高温尾气和煤炭高温气化未燃烧的气体通过烟囱排放等而造成浪费。这种在世界范围内沿用上百年的煤炭直燃式供热烘烤烟叶，燃料的利用效率较低，其被统计的数值为 36.2%。而且，煤炭也是一种不可再生的资源，如果仅将煤炭作为燃料来消耗也是一种极大的浪费，应当将其作为可综合利用的化工原料，成为更科学、更合理、更可持续的产业。只有改变对煤炭利用的认识，才能把有限的资源留给我们的子孙后代。

在当前国内外控烟呼声日益高涨的环境下，是否借此顺理成章地取消烤烟的种植，从源头上控制烟叶烘烤带来的煤炭供热低效率的燃料消耗及环境污染问题？

然而，烤烟作为人类栽培的一种重要经济作物，在全球范围内种植，为世界经济的发展和社会进步做出了巨大贡献，从农业高效益经济作物到税收大户，烟草产业渗透到我们生活中的方方面面。我国烟草行业作为国民经济的重要组成部分，承担着国家财政收入的法定职责。自 1983 年 11 月 1 日我国实行烟草专卖制度以来，烟草税利一直是国家财政收入的重要来源，2017 年烟草行业共计纳税 11 000 亿元，超过国家年度税收总额的 6%。

我国烟草的种植比较分散，广泛地分布于全国 22 个省份 500 多个县，每年有 300 多万家种植农户，涉及农村人口超过 1 500 万。烟区的烟农大都交通不便，居住在老少边穷的山区，种 1 亩烟当年可收现金 3 000～5 000 元，为粮食作物的 3～5 倍，加上国家对烟草的种植进行专卖管理制度，交售烟叶的价格具有一定保障，是山区农民脱贫致富、提高生活水平的有效途径。当前烟草行业也积极承担和履行脱贫攻坚这一社会责任，国家烟草专卖局发挥行业优势，坚决落实对口帮扶工作任务，将继续用好烟叶政策，为老少边穷地区农民脱贫致富尽责出力。2018 年 2 月 1 日国家烟草专卖局专门发布了《关于烟叶产区贫困县种烟面积减少专项补贴政策的通知》（国烟办〔2018〕33 号）。各地方烟草部门也积极配合，如贵州省烟草专卖局提出"精准扶贫，促就业稳定增收惠民生"；湖南省烟草专卖局推进的"烤烟产业助推扶贫攻坚"；云南省玉溪市烟草局实施的"扎实推进贫困地区烟草产业精准扶贫"，四川省凉山州烟草局开展的"一村一幼、一校一场""一村一园"示范项目建设和助学济困帮扶；陕西省洛南县烟草局提出"争取计划资源，助力产业脱贫攻坚"。由此可见，打好精准脱贫攻坚战离不开烟草行业的支持。可见，现阶段我国不能拒绝烟草的种植。

但是，随着社会的进步和时代的发展，原有的燃煤密集烘烤烟叶的方式，已不能适应现代烟草农业持续发展的需要。烟草行业响应各地政府减排的政策，积极投入资金鼓励采用非煤质的清洁能源发展低碳经济和绿色产业技术。然而，我国清洁能源种类繁多，包括核能、水能、风能、生物质能、地热能、潮汐能和氢能等。面向全国烟区，综合对比能够应用于烟叶烘烤的清洁类能源（太阳能、生物质、电能和天然气等）出现的时间已经很长，很多已经成熟地利用到农业生产和居民生活中，但是烟叶的烘烤工艺技术较为独特，加之烟叶的供热设备不同于其他农牧产品的烘干设备，无法直接引入应用。如果仅仅把清洁能源燃料投放到现有的燃煤炉膛里燃烧供热，是无法充分利用其蕴藏的热能的。

第二节　烟叶烘烤环节的现状

我国是世界上烤烟种植规模最大的国家，主要分布在从西南沧源县到东北牡丹江市近 5 000km 内的不均衡的带状区域内。各类烟草年产量约占世界总产量的 32%，其中烤烟多年稳居世界第一，年烟叶产量基本上保持在 200 万 t 左右，占整个世界烤烟总产量的一半以上，占到国内各类烟草总产量的 80%以上。

随着我国现代烟草农业的建设推进，从 2006 年起，烟区开始淘汰传统使用的普通烤房，逐步推广普及大型的密集烤房。截至 2017 年年底，全国烤烟的密集烤房保有量达到 94.80 万座。与此同时，为了适应现代烟草农业对规模化种植和专业化烘烤的管理要求，各地加强了单座密集烤房之间的联体和群体建设，包含在 10 座、50 座甚至 200 座以上的单个密集烤房群体数量占烤房总量的 79.62%。

虽然经历十多年的现代烟草农业建设，烟叶的烘烤管理环节仍存在不平衡的问题。近两年，随着我国经济的快速发展，人工成本占烟叶生产费用的比例大幅增加，国家烟草专卖局为了烟草行业平稳发展转型，推进精益烟草生产，鼓励加强减工、降本和节能方面的研究。

一、多样的烘烤设备类型

目前密集烤房已经成为我国调制烟叶的主流场所。虽然国家烟草局在 2009 年出台了有关密集烤房的文件，规范了密集烤房的建造规格，但国内前期修建的密集烤房和后期的不同供应商家的设备性能存在差异。近几年大批的供热设备老化，逐渐进入淘汰期，部分烟区缺乏必要的烤房维护，存在墙体、房顶和门窗的密封漏洞等问题。现阶段普遍以煤炭为燃料直接燃烧供热烘烤烟叶，随着国家对环保的重视，替代燃煤的各类清洁能源如空气源热泵、醇基液体燃料、生物质固体成型燃料和天然气燃料的供热设备不断地研究成熟，能够代替人工添加燃料，并能实现烤房内温湿度的精确控制。目前在各产区出现了多种不同操作和不同能源类型的密集烤房类型，加之人员操作技术存在偏差，区域内差异化的密集烤房调制烟叶容易导致其香型的风格弱化和光滑僵硬叶片的产生。

二、定量的成熟采收标准

适时采收烟叶是保证烟叶品质的基础。不同采收成熟度的烟叶烘烤后对其质量存在不同的影响。传统采收烟叶根据叶片落黄程度、脉色变化、茸毛脱落程度和采收时断面特征等定性的标准，依赖于主观经验性的判断。特别受品质特性、叶位高低、气候状况、土壤质地和栽培差异及烤房装烟容量配置的影响，部分烟叶采收时达不到最佳的成熟状态。不少产区的种植户在生产中存在跟风强采、盲目随从和依靠农时判断的采收等问题。

近几年，为解决烟叶成熟采收仅靠经验式判定存在的不足，张德龙等进行了丙二醛和叶绿素含量测定后采收的研究。基于烟叶产值的量化判定，任杰等提出了一种烤烟成熟度新方法。虽然上述的研究检测的地点是在实验室内完成的，但为下一步我国烟叶定量的快速成熟判断奠定了方向。

三、多种编烟和装烟方式并存

不同装烟方式对烘烤后烟叶品质和能耗产生不同的影响。随着我国经济的发展，在沿用近百年的烟竿编烟技术的基础上，近几年出现了能够降低劳动用工的编烟方式。梳式烟夹经过多次的改进得到推广，得到大多数烟区的认可，随后出现配套的可移动挂式装烟架，使之减工效果更加明显。散叶烘烤从 20 世纪 90 年代从巴西引进后在贵州的遵义和毕节得到大面积的推广，经过实践演绎出散叶插签、散叶堆积和筐式网格散叶烘烤等多种形式。

四、灵活配套的烘烤技术

温湿度和通风排湿等参数组成的烘烤工艺决定着烟叶在烘烤期间的生化反应，直接影响到烤后烟叶的质量。20 世纪末宫长荣在总结以往烘烤工艺的基础上，提出了三段式烘烤工艺。随着密集烤房的推广，不同产区结合自己的烟叶发育情况，纷纷研发配套密集烘烤工艺。重庆市烟草局提炼"三段式烘烤工艺"为"三段六步式"烘烤工艺。中国农业科学院烟草研究所在生产中集成了"8 点式精准密集烘烤工艺"。湖南烟草局优化密集烘烤工艺，形成了以"中温中湿变黄、慢速升温定色、延时干叶增香、弱风干筋保香"为核心的工艺。针对散叶烘烤，谢已书等在贵州提出了"两长一短、低湿慢烤"的烤烟烘烤工艺。崔国民在云南提出了提质增香烟叶烘烤工艺。赖荣洪等采用密集"烤房一烤一"方案，为江西烟区优化密集烤房烟叶烘烤工艺提供参考。王建安等根据格盘套装针插式的特点提出了配套的烘烤工艺。

为减少损失和失误，区域内的密集烘烤工艺需要不断地完善和优化，形成多种不同的标准地方烘烤工艺，整合到密集烤房配套的控制仪器中，为精确烘烤提供借鉴。

五、烘烤管理的组织形式

一直以来烟草公司在烘烤管理上秉承着"统一技术指导、烟农自主烘烤"的传统。随着密集烘烤的推进，出现了以服务为主的集约化烘烤管理团体或组织，其中专业化烘烤模式是一种主要的形式。"私营股份制合作"和"种植—烘烤分离"形式虽然经过尝试，因多种原因均以失败而告终。目前专业化烘烤模式主要有大户/农场主、烟农合作社、有偿服务和散户合作互助四种形式并存。

为了进一步提升烘烤环节的管理，王丰等进行了"三统三分"式烟叶专业化烘烤服务模式研究，并探讨了现代烟草农业的分工制度问题。山东潍坊坚持"班组实施、流程操作、工位作业"基于"1＋N"的烟叶采、烤、分一体化工艺，明显地提升了不同烘烤工序的精细化操作。

第三节　烟叶烘烤发展的方向

"两降一提"即降低烘烤用工、降低烘烤费用和提高烟叶质量，依然是未来烘烤管理的发展方向，但其核心是在大数据服务平台下的成熟度快速定量判断、机械化采收、智能化烘烤和机器视觉分级。四者在相辅相成的过程中协同发展新方向，详细见图1-1。

一、简易的快速量化的判断设备

烟叶成熟度的识别通过一种手持轻巧的烟叶成熟度判断仪测定，种植户在散步时就可通过扫描，或对烟叶组织无损针刺的方式来直接测量烟叶的成熟状况。判断的依据为能够反映烟叶成熟的特征性参数，如颜色、衰老内含物或是叶片挥发性的物质。这些特征参数事先通过标准化检测取得数据，并形成快速量化判断设备的内置判断标准模型。该设备由感应区、显示区和建议区组成，通过检测烟叶内部的一种或是几种具有代表性的物质，内置芯片

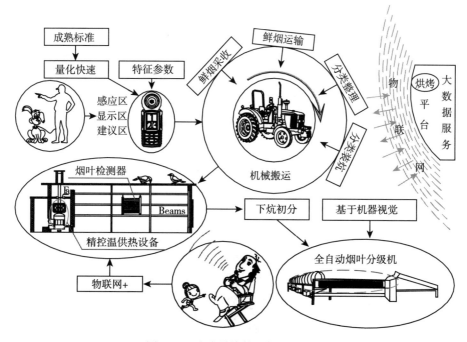

图 1-1 未来烘烤管理创新的方向

对比并分析已取得的内置判断参数，结果快速在线显示，并在建议区内显示该批次烟叶最佳的成熟采收时间。

二、智能化密集烤房

在人工添加燃料为主的操作改变为供热设备自动烘烤后，通过在烤房内添加在线监测设备，能够连续监测烤房内烟叶颜色和状态的变化，并实时反馈到烤房控制仪。根据储存的数据对比分析，烤房控制仪立即指示控温系统下一步是否加大火力供热升温，或是控湿系统是否排湿。烤烟过程完全依靠智能的烤房控制仪自动控制，如同在电饭煲中，米和水配比好后按下启动键，不参与蒸饭的过程，打开锅盖后是香喷喷的米饭。通过"物联网＋"技术，操作者可以在家里通过手机或电脑等终端随时在线查看密集烤房的烘烤进程。遇到需要处理的极特殊烟叶，管理者可以通过网络了解烤房内在线烟叶的变化，进一步改变智能烘烤模式为指导烘烤模式。

这种智能化烘烤需要大数据的支持，首先是在图 1-2 定向的精准烘烤工艺的基础上，确立在烘烤进程中对应的烟叶颜色和状态变化、温湿度变化和烘烤进程数据库，设立"工艺标准模型"；然后是通过监控烟叶变化的传感器快速精确检测烟叶表观图像特征、形态特征及内在化学成分含量，形成瞬间的"收集数据模型"；接着"收集数据模型"在中央处理器（CPU）分析后找出匹配的"工艺标准模型"；最后发出指令控制烤房内的温湿度参数，从而实现烤房控制仪自动收集数据、自主分析数据、主动输出相应参数和控制烘烤进程。同时借助物联网数据传输与烤房控制仪接口，通过CPU还原收集的数据为可视的图片信息，实现远方在线获知烤房内场景、烟叶颜色和状态变化。

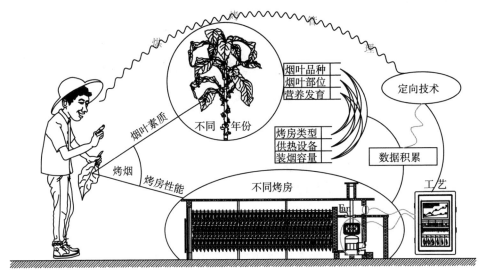

图 1-2　定向的精准烘烤工艺形成图

三、智能机械流动分级设备

种植户在烟叶回潮出炕并平衡到适宜含水量后，成沓地把叶片放送到全自动烟叶进料口。机器按照程序把烟叶输送到密封的分级室，其内设有圆形传送带。机器内程序芯片控制 n 个机械抓手，固定在分级室内的墙壁上，每一个机械抓手上配置有辨别烟叶等级的检测器，每 $n/43$ 个为相同的检测器负责一类烟叶的抓取，当敞开的叶片符合某个等级时，抓手抓住叶柄放到选定的等级出口流出分级室。传送间隔性地设置 5～6 个震动段，用于震动皱缩和叠压的叶片展开。当未展开的叶片在第一轮挑选后未挑中，传送带继续围绕圆形路径前行，经过震动后展开的叶片再次到达机械抓手时被挑选出。对于严重皱缩无法识别的烟叶，经过几轮无法识别，第 $n/43$ 组的机械抓手挑出交由人工处理。

四、联网大数据分析服务平台

在上述不同智能烘烤工序设备对各个烘烤工序管理的基础上，通过它们之间数据模型的有机整合，可在烘烤大数据库基础上建立全国或区域性的烘烤物联网大数据平台，全方位服务于烟叶烘烤的每一个细小环节，在机械化操作的协助下，实现"采—收—分"无缝衔接的一体化操作。这种物联网大数据分析服务平台具备预警、监控、培训和建议的功能，特别是针对 x 类烟叶、y 类烤房和 z 个种植户形成的 n 个交叉数据，在管理人员的监控下，通过智能烘烤工序设备与平台的主动沟通，最终"一类烟叶＋一种烤房＋一个种植户"在智能控制下形成"三位一体"的精准烘烤管理模式。

展 望

伴随着基于大数据信息的人工智能时代的到来，在"智能＋机械视觉"操作的背景下，对烟叶烘烤环节的研究提出了更新的要求。针对制约"两降一提"的瓶颈因素，找准方向，在"物联网＋"的辅助下进行聚焦、持续和深入的研究，逐个突破并串联成行，相信在不久的未来，将会实现烟叶烘烤环节全过程无人值守的智能化、机械化操作。

参 考 文 献

白震.1984.烤烟烘烤中干筋期的温度与香吃味［J］.烟草科技（1）：56-60.

宾俊，范伟，周冀衡，等.2016.近红外技术结合 SaE-ELM 用于烤烟烘烤关键参数的在线监测［J］.烟草科技，49（9）：50-56.

冰火，建利，江洪东.2014.论烟叶精益生产［J］.中国烟草学报（1）：1-8.

陈治锋.2017.烤烟产业助推扶贫攻坚［J］.湖南烟草（6）：32-35.

崔国民.2016.提质增香烟叶烘烤工艺［J］.云南农业（11）：16.

崔永红.2017.烟草产业带动老厂乡精准脱贫［R］.玉溪日报，06-24：1.

段焰青，孔祥勇，李青青，等.2006.近红外光谱法预测烟草中的纤维素含量［J］.烟草科技（8）：16-20.

方腾，黄合跃，邹启波，等.2015.烤烟种烤分离专业化服务一体化模式探索［J］.安徽农业科学（10）：273-274.

高宪辉，王松峰，孙帅帅，等.2017.鲜烟成熟度颜色值指标及其判别函数研究［J］.中国烟草学报，23（1）：77-83.

辜胜阻，李华.2011.以"用工荒"为契机推动经济转型升级［J］.中国人口科学（4）：2-10.

韩小斌，温明霞，彭玉龙，等.2015.遵义市烤烟散叶烘烤技术推广与应用效果分析［J］.中国烟草科学，36（3）：101-105.

何亚浩，贺帆，杨荣生，等.2011.不同专业化烘烤模式探索——以曲靖烟区为例［J］.湖南农业大学学报（自然科学版），37（2）：135-138.

贺帆，王梅，王涛，等.2014.二氧化硫在烤烟密集烤房群周围的空间分布［J］.应用生态学报，25（3）：857-862.

侯琳静.2017.浅谈烟草企业精益化管理［J］.中国国际财经（中英文版）（23）：134.

湖南省烟草学会.2013年湖南烟草系列报道（四）［J］.中国烟草学报（4）.

黄景崇，石锦辉，李俊业，等.2018.广东密集烤房及其配套工艺发展的回顾与展望［J］.江西农业学报，30（4）：68-74.

赖荣洪，许威，任周营，等.2018.一烤一方案与传统烘烤工艺对烟叶质量的影响［J］.湖南农业科学（2）：78-80.

李光雄，李晓强，于海顺，等.2012.不同成熟度对烟叶内在质量的影响［J］.延边大学农学学报，34（2）：147-161.

李伟星，刘刚，赵兴祥，等.2015.基于SVM及BPNN的辣椒红外光谱分析［J］.湖北农业科学，54（1）：203-205.

练华珍.2009.烟草专业化集中烘烤与农户分散烘烤效益的比较［D］.长沙：湖南农业大学.

孟黎明，张丽英，黄广华，等.2015.不同采收成熟度对红花大金元烟叶品质的影响［J］.西南农业学报，28（2）：853-856.

潘义宏，卿波，徐国付，等.2016.不同调制技术参数对烤烟品质及效益的影响［J］.河南农业科学，45（9）：146-152.

任杰，蔡宪杰，程森，等.2018.基于产值的烤烟烟叶耐熟性评价［J］.烟草科技，51（7）：30-35.

沈凯.2018.大数据在烟草企业管理项目中的应用创新［J］.电子技术与软件工程（14）：184.

宋朝鹏，冀新威，孙建锋 .2010. 几种烤烟专业化烘烤模式分析与探讨 ［J］. 中国烟草科学，31（4）：59 - 63.

孙阳，李青山，谭效磊 .2018. 鲜烟叶高光谱特征与颜色分析及其关系研究 ［J］. 中国烟草学报，24（3）：1 - 11.

王丰，刘锦华，罗元雄，等 .2013. "三统三分"式烟叶专业化烘烤服务模式研究与应用 ［J］. 中国烟草学报，19（4）：88 - 93.

王丰 .2008. 对发展烟叶生产合作经济组织的思考 ［J］. 中国烟草（11）：61 - 63.

王丰 .2010. 现代烟草农业的分工制度问题 ［J］. 中国烟草学报，16（1）：81 - 84.

王家俊，梁逸曾，汪帆 .2005. 偏最小二乘法结合傅里叶变换近红外光谱同时测定卷烟焦油、烟碱和一氧化碳的释放量 ［J］. 分析化学，33（6）：793 - 797.

王家俊，罗丽萍，李辉，等 .2004.FT - NIR 光谱法同时测定烟草根、茎、叶中的氮、磷、氯和钾 ［J］. 烟草科技（12）：24 - 27.

王建安，陈文相，何宽信，等 .2014. 格盘套装针插式烟框烘烤工艺研究 ［J］. 河南农业大学学报，48（1）：16 - 20.

王建安，段卫东，申洪涛，等 .2017. 醇基燃料密集烘烤加热设备及其烘烤效果研究 ［J］. 中国农业科技导报，19（9）：70 - 76.

王建安 . 刘国顺 .2012. 生物质燃烧炉热水集中供热烤烟设备的研制及效果分析 ［J］. 中国烟草学报，18（6）：32 - 37.

王秀辉，张英华，郭全伟，等 .2017. 基于"1＋N"的烟叶采烤分一体化探索与实践 ［J］. 作物研究，31（2）：197 - 200.

王一丁，张俊 .2017. 烟草扶贫 持续发力—贵州省烟草专卖局（公司）多措并举促扶贫 ［J］. 当代贵州（42）：42 - 43.

王由之，张宏文，王磊，等 .2018. 基于模糊 PID 控制的棉花采摘性能试验台测控系统研制 ［J］. 农业工程学报，34（23）：23 - 32.

王玉帅 .2017. 箱式散叶烘烤技术应用效果研究 ［J］. 作物研究，31（7）：760 - 762.

武圣江，潘文杰，宫长荣，等 .2013. 不同装烟方式对烤烟烘烤烟叶品质和安全性的影响 ［J］. 中国农业科学，46（17）：3659 - 3668.

习近平 .2014. 绿水青山就是金山银山——关于大力推广生态文明建设 ［N］. 人民日报，07 - 11：A1.

向裕华，张宗锦，李华兵，等 .2014. 碳氢有机质燃料烘烤设备在密集烤房中的应用 ［J］. 农业工程学报，30（2）：219 - 223.

谢滨瑶，祝诗平，黄华 .2018. 基于 BPNN 和 SVM 的烟叶成熟度鉴别模型 ［J］. 中国烟草学报，24（6）：1 - 9.

谢已书，李国彬，姜均，等 .2013 - 09 - 26. 一种"两长一短、低湿慢烤"的烤烟烘烤工艺

［P］. 中国：201310443935. 2.

徐秀红，王传义，刘昌宝，等. 2012. "8 点式精准密集烘烤工艺"的创新集成与应用［J］. 中国烟草科学（5）：68 - 73.

许自成，赵瑞蕊，王龙宪，等. 2014. 烟叶成熟度的研究进展［J］. 东北农业大学学报，45（1）：123 - 128.

晏忠波，秦中华，李涛. 2016. 烟草种植对西南山区扶贫的意义［J］. 南方农业，10（30）：80 - 81.

杨志晓，刘红峰，张小全，等. 2012. 不同耐肥性烤烟品种成熟期叶片质外体生理特性研究［J］. 中国烟草学报，18（6）：41 - 47.

张德龙，张士荣，王军，等. 2017. 不同烤烟品种田间烟叶耐熟性强弱判定方法初探［J］. 青岛农业大学学报（自然科学版），34（4）：256 - 261.

张九桓. 2010. 哥本哈根，在失望边缘收获希望. 中国中小企业（1）：18 - 21.

Bowman D T. 2004. Assessing holding ability in flue - cured tobacco cultivars［J］. Tobacco Science（46）：28 - 30.

Wang J A，Song Z P，Wei Y W，Yang G H. 2017. Combination of waste - heat - recovery heat pump and auxiliary solar - energy heat supply priority for tobacco curing［J］. Applied Ecology and Environmental Research，15（4）：1871 - 1882.

Wang J A，Zhang Q，Wei Y W，Yang G H，Wei F J. 2018. Integrated Furnace for Combustion/Gasification of Biomass Fuel for Tobacco Curing［Z］. Waste and Biomass Valorization，DOI 10. 100 7/s12649 - 018 - 0205 - 1.

第二章　烟叶烤房的研究进展

人工加热烘烤烟叶已有 500 多年的历史，在哥伦布发现美洲新大陆以前，当地的印第安人就用明火进行烤烟。自 1839 年美国北卡达斯韦尔县的 Slade 兄弟两人，第一次创建了可以复制的烤烟方法进行调制烟叶以后，烟叶的调制场所（调制设备）便成了烤烟生产必不可少的基本组成部分，恰似烤烟发展的伴侣，之后随着烤烟种植传播的足迹从弗吉尼亚州走向世界。此后随着烟叶生产水平的发展和科学技术的进步，烤烟生产设备不断得到改进提高，在不同的历史时期和不同的种植区域内，调制设备的结构一直处于长期的演变之中。其演变的过程不但受制于科学技术的发展水平，也受到于烤烟生产的规模、组织形式和社会自然经济状况的影响，逐渐由低级到高级，由简单到复杂，形成了世界范围内多样的，与不同经济体制和技术状况相适应的结构形式。

第一节　国外烤房发展

早在 16 世纪之前，烟草栽培的品种基本上局限于晒烟，即把烟叶放到太阳下进行调制。为了应对调制期间多变的天气，把烟叶悬挂到四周通风的房间晾干，实现了烟叶调制由不定场地到固定场地的转变。1815—1840 年，弗吉尼亚州的农场主使用半干的松枝烟熏烟叶，不久在调制后期点燃之前的松枝明火加热，明显减少以往因阴天多雨天气造成的烟叶霉变损失，同时也增加了烟叶的香气和耐储性，偶尔地发现调制出的烟叶存在橘黄色。明火调制（Fire‑cured tobacco）烟叶很快成了一种潮流，这种带窗挂烟的房子附带明火工艺，便被定义为最初的烘房（Curing house）。1839 年 Eli Slad 和 Elisha Slad 兄弟两人，第一次在持续潮湿的天气条件下密封了烘房的四周的窗户，连续添加木炭缓慢地烤制烟叶，干燥后色泽金黄，叶片干净，深受市场青睐，这种调制出的烟叶被称为"Bright leaf"。该技术经传授给周围的邻居，使用同样的方法调制烟叶，也能获得同样的效果。

然而，随后爆发的南北战争拖延了这项技术的传播，直至1870年后才推广至周边的南卡罗来纳州、弗吉尼亚州、肯塔基州和田纳西州地，弗吉尼亚州皮茨尔瓦尼亚县的贫瘠土地上种植的烟叶烤后尤为亮丽，自此多一个"Virginia tabacco"的名字，之后迅速从弗吉尼亚州走向全世界。这种四周密封、底面接近于正方形、高度4.5～5.5m的"烘房"类似当地居民存储粮食的谷仓，术语由"Curing house"变成了"Curing barn"，一直沿用至今。为了更容易控制烤房内的温度，不久地面上的木炭火被木炭炉代替。为了供热均匀，有规律地在烤房的底部对木炭炉进行摆布，形成最早形式的供热设备。为了安全，在炉火的正上方放置圆形铁盘以防引燃烟叶（图2-1a）。这种类型的烤房至今还有少量作为历史文物矗立在美国北卡罗来纳州的萨瓦纳河畔。

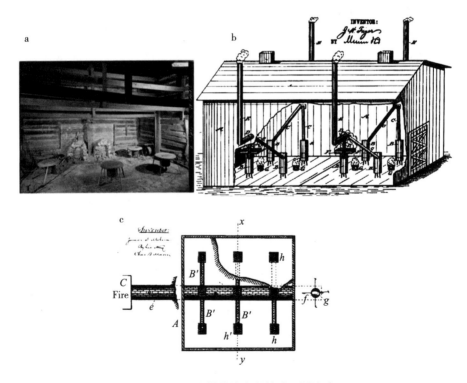

图2-1 明火供热烤房的构造（图注略）
a：Megill, 1879；b：Fizer, 1882；c：Melvin, 1878.

1882 年 Fizer 改变炭火直接加热铁盘散热为管道散热，建造了具有燃烧结构的炉膛和导出到室外的烟气管道，明显减少了木炭燃烧产生的烟气停留和往返烤房内添加燃料的频率（图 2 - 1b）。处于同一时期的 James S. Melvin，设计出一种地道式的明火供热方式，在烘房外 4.5m 的地下挖建烧火炉膛，尾部连接 0.6m 方形暗道伸向烤房内部，在原先炭火炉排布的位置预留热气出口，并在烤房的尾部修建了烟囱（图 2 - 1c）。为了减少烟气和火花进入烘房内，在热风出口和烟囱的腰部中均设有盖板和密封挡板，只有在木材稳定燃烧（产烟量少）时，才切换到供热状态（关闭烟囱内挡板，同时打开热风出口的盖板进热），大幅度降低了烟气进入烘房内的数量。为了进一步减少地道式明火供热产生的火焰或火星进入到烤房内，1884 年田纳西州的 William F. Coulter 制造出一种铸铁结构的烧火炉膛，尾部带有可调的网状金属滤板，过滤掉燃料大火燃烧时产生的火花或火星，并配备可以在室外控制热风出口的盖板闸刀，大幅度提高了烤房的安全性能。为了在地面上提供统一的热源，保证多个热气出口的热量均匀性，1888 年弗吉尼亚州的 John M. Snidow 为每一个热气出口设计了一个带旋转盖体的盖帽，通过调节旋转盖帽上露出的空隙大小，达到控制热气出口的热气排出量。

明火调制烟叶存在的主要弊端是高温的炭火容易点燃烤房内干燥的烟叶，以及供热的操作有损人体健康。为了进一步改变这种状况，一些农场主用石头在烤房外的空地上对称砌筑多个炉膛，并密闭连接烤房内部地面以上铺设中空的火管道，输送来自炉膛产生的热量，依靠加热后的管道外壁向烟房内辐射散热，实现了烟叶调制由明火向暗火的转变。这种具有现代结构特征的"烤房"，一般一个烤房由两个独立燃烧火炉＋火管散热结构供热烤烟。为了保证烟气排出顺畅，靠近烧火侧的管道尾部抬高，与地面形成 45°左右的夹角，侧面看似大炮的炮筒（图 2 - 2a）。不久这种烤房被推广到法国和德国，为了提高热量的利用效率，炉膛被移到烤房内，部分炉膛和火管被改造成散热优良的钢质材质。为了装烟方便和提高装烟容量，炮筒式的火管尾部角度逐渐被降低，直到与地面平行的角度（图 2 - 2b）。由于烤房内明道火管的出现，这种经过高温火管辐射加热调制烟叶的术语由"Bright leaf"和"Virginia tabacco"变成现在的"Flue - cured tobacco"（烤烟：火管加热调制的烟叶）。直到 100 多年以后的今天，仍然有学者习惯使用"Virginia

tabacco"或"Bright leaf"术语表达烤烟烟叶，所以当今在文献资料见到
"Bright leaf"和"Virginia tabacco"用词，所指就是烤烟。

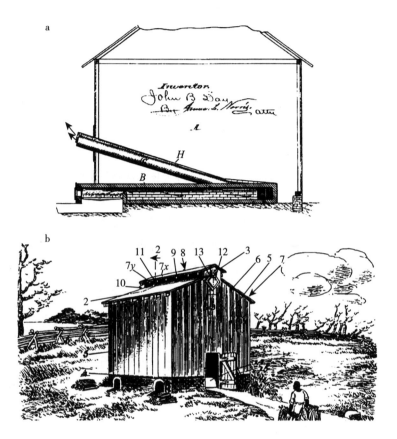

图 2-2 早期暗火管道供热的结构（图注略）

a：Day，1876；b：Brinkley and Dover，1936.

1900 年后，换热新材料不断出现。1900 年 James L. Holllingworth 在烤
房外不远处建立单独加热室，大小两个离心风机根据烟叶的需求通过切换，
持续地把热风吹进烤房内悬挂烟叶网络化的钢管（梁）内，然后循环到独立
加热室内重新加热，彻底改变原来的传统底部热气上升的供热方式，这种全
方位钢管挂烟梁的供热结构造价比较昂贵。1923 年弗吉尼亚州阿尔塔维斯
塔的 Henry Johnson 变多个炉膛为一个燃煤炉膛，在烤房内地平面上靠一堵
墙的居中位置建造卧式炉膛结构，炉膛尾部连接主火管道，然后主火管道逐

渐对称扩变成 3 条或 4 条火管支道，还在炉膛顶部设计了冷风预热成热风进入烤房内部的热风通道，这种结构的烤房很快被当时的英美烟草公司推广到世界各地的殖民地，被我国烟草行业称为气流上升式普通烤房。之后在长达近百年的时间内，除了建筑材料、燃料和烤房的火管尺寸存在差异外，目前还有个别烟区如非洲的坦桑尼亚仍在使用这种以木材为燃料的供热结构。我国在 2000 年之前也广泛地应用这种结构的烤房。

在 1926—1930 年，John A. Gardner 和 John O. Causey 在原有烤房内的火管布局不变的基础上，配置了适应燃煤或燃油的专用炉膛，受控制技术的限制，火力的大小采用火焰的数量和大小进行人工控制；1944 年 Rush D. Touton 对原有油路进行了改进，并设计了专用的喷嘴结构；1945 年 James R. Henderson 采用金属热胀冷缩的方法控制油嘴输出燃料数量，使烤烟热量的输出更为科学；后经过 Robert W. Wilson 引入液体燃烧机后，燃油供热的结构基本定型。为了缩小上下棚烟叶之间的温度差异和提高热能的利用效率，1942 年，Charles T. Jackson 首次利用蒸汽锅炉配合暖气管道供热（图 2-3），从烤房顶部到底部修建了一条热风通道，在烟叶烘烤过程中烤房内上、下棚之间的空气通过热风通道内安装的循环风机强制对流循环。这种装烟室和供热室分开，并增加循环风机强制通风的烤房已经具备了增加装烟密度的烘烤条件，为下一步密集烘烤技术的发展奠定了坚实的基础。

在热风循环的基础上，1949 年 James B. Moore 改变了原有烤房的供热方式和结构，热风循环通道直接连接专门修建的加热室，供热设备是一种立式的燃油钢质炉膛，利用离心风机从加热室向装烟室内输送热风，回风靠离心风机工作时产生的负压，第一次改变热风上升式循环为气流下降式循环，并利用烤房底部的排湿风机进行强制排湿。由于这种气流下降式烤房能够改善烘烤烟叶的外观质量，1966 年 Rush D. Touton 改变了原来的底座正方形和屋脊尖顶的烤房的结构，设计一种新型斜顶的气流下降式烤房（图 2-4），供热设备由传统的中间位置卧式结构变成在烤房一侧的立式结构，依靠轴流风机强制性通风，根据烘烤工艺的要求通过手工拉动挡板完成循环和排湿的切换。这种气流下降式烤房结构具有保温效果好和利于后期集中排湿的优点，有利于烤房内烟叶的变黄和缩短烟叶的烘烤时间。之后，很快被引进到

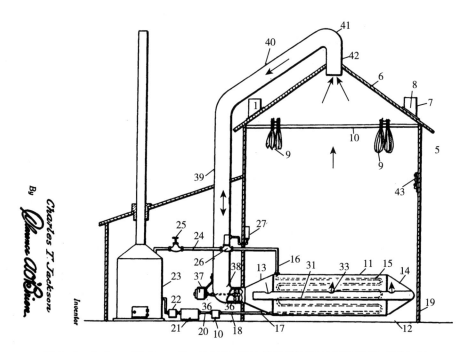

图 2-3　Jackson 和 Greenvile（1942）设计的热风循环的燃油烤房（图注略）

前苏联及东欧的一些国家推广应用并改进，变成图 2-4 左面墙壁下方若干冷风口进风，烟囱尾部套筒热排湿的烤房结构，20 世纪 90 年代中期从东欧和俄罗斯引进到我国烟区。

　　烤烟的采收和烘烤操作约占整个烟叶种植的 3/4。在 1943—1948 年，降低人工研究的重点在机械化采收方面。为了降低烘烤操作劳动用工，大约在 1945 年后在原有烤房设备的基础上增加装烟容量的改造并配置烟夹设备，此时的密集烘烤具有强制通风、热风循环密集烘烤设备的特征，然而烤房的构造影响了装烟的便捷性，尤其是烤房的高度。1960 年 Francis J. Hassler 设计了一种密集装烟的烤房，大幅度降低烤房的高度，设立单独的供热间，利用烟框密集装烟挂置到烟架上，供热位于烟叶的下方，为了增强热风循环和加强排湿，使用了功率较大的离心风机强制通风（图 2-5），实现了高密度烟叶烘烤，具备了现代密集烤房的雏形，启迪了密集烤房下一步的研究方向。

　　接着，1960 年 Francis J. Hassler 首次尝试大幅度降低密集烘烤的烤房

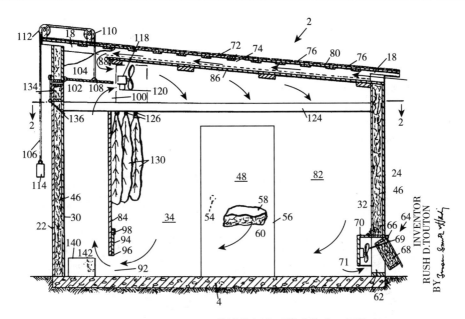

图 2-4 Touton（1966）设计的气流下降式烤房（图注略）

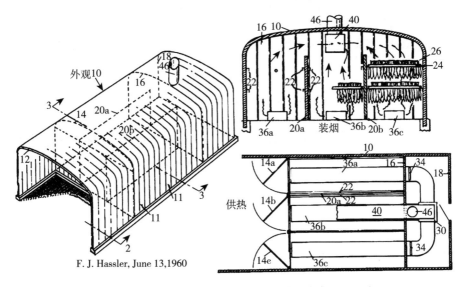

图 2-5 Hassler（1963）设计的密集烘烤烤房（图注略）

高度，利用原有装烟室底部铺设的火管并增加数量供热，加大循环风机的半径和功率，使用装烟密度较大的烟夹夹持烟叶成功地进行了密集烘烤。这种密集装烟的烤房被称为"bulk curing barn"的密集烤房，已经具备了现代密集烤房的雏形。之后经过 1966—1976 年连续 10 年密集烘烤的研究，密集烤房的硬件设备如高容量的燃料燃烧供热、钢质耐腐蚀散热器材、智能自动控制、隔热保温材料、装烟设备和耐高温的循环风机技术逐步走向成熟（图 2 - 6）。这种密集烤房很快被推广到世界各地，至今河南宝丰县烟叶复烤厂内还存在一座这种当时全资引进的密集烤房。

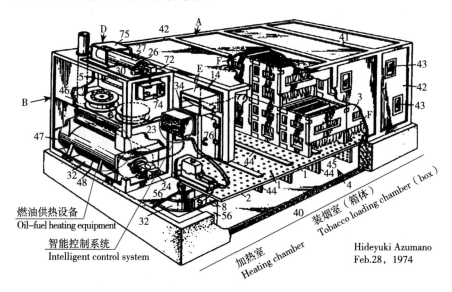

图 2 - 6　密集烤房典型的结构（图注略）

1976 年，北卡罗来纳州路易斯顿的 Tiras J. Danford 借鉴于农产品干燥的技术，改变了原来的烘烤方式，设计了一种可以连续烘烤的烘烤设备，在圆筒状的结构外形内间隔性地设置不同的温度梯度和排湿口，通过轨道把金属箱体装载的烟叶在烘烤过程中根据烘烤的需要进行移动，利用轨道下端空隙，通过循环风机强制通风，最终实现工厂化流程式烘烤（图 2 - 7）。这种能够连续性烘烤的烤房构造经过后人改造后，目前在非洲的津巴布韦、赞比亚等烟区大量使用。2000 年前后我国的平顶山烟区从非洲引进使用，被当地称为"步进式"密集烤房。

随着热水供热技术的发展，为实现烟叶烘烤的集约化供热，1981 年 Robert W. Wilson 设计一种燃油或固体燃料的热水锅炉，采取暖气供暖的方式，

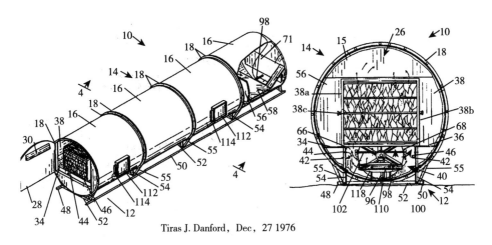

Tiras J. Danford，Dec，27 1976

图 2-7 连续烘烤的密集烤房（图注略）

通过控制热水的流量同时向多个密集烤房的烟叶烘烤系统供热（图 2-8）。这种构造的供热方式，由王建安和刘国顺于 2011 年我国的平顶山郏县薛店进行了试验，使用生物质热水锅炉带动 20 座密集烤房供热，取得了良好的烘烤效果。

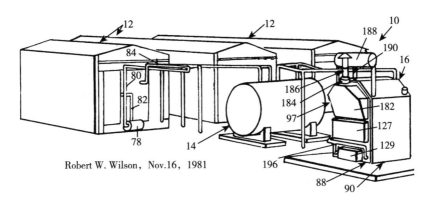

Robert W. Wilson，Nov.16，1981

图 2-8 热水集中供热外观图（图注略）

第二节 烟叶夹持设备的研究

第二次世界大战后，随着许多国家的经济飞速发展，烟草生产的劳动用工费用迅速高涨。1947—1963 年，以美国和日本为主的植烟国家加大节省烟草生产劳动用工投入的研究，重点在高密度供热、烟夹和大箱烘烤等方面提高装烟密度的设备。装烟方式演变总体上为烟竿→烟夹→烟框→金属大箱。

为了节约劳动用工，1925 年 David D. Bolen 和 Herbert Van Keuren 发明了世界上最早的木制卡槽烟夹（图 2-9），在两边烟框上有规律地设置卡槽，把烟叶的主脉紧紧卡住，但受当时生产工艺限制，这种卡槽式烟夹没有得到大面积的推广。

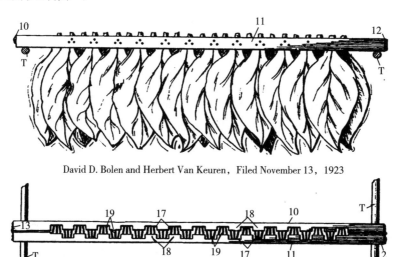

David D. Bolen and Herbert Van Keuren，Filed November 13，1923

图 2-9　木制卡槽烟夹构造（图注略）

随着第二次世界大战后美国经济的复苏，原有的编烟方式已经不能满足烤烟生产的需要，改进的烟夹最早出现于美国的北卡罗来纳州夏洛特烟区，1947 年 Daniel M Boone 等使用金属的鸭舌状烟夹模具模仿编烟的方式把烟叶固定，然后挂到烤房内的挂烟架上，明显地增加烤房内的装烟密度和装烟量（图 2-10）。经过烘烤对比之前的挂竿烟叶，两者的质量差异较小，但是明显地降低了烟叶整理环节的劳动用工，受到当地农场主的青睐。接着来自弗吉尼亚州肯布里奇的 Robert B. Parrish 设计出拉杆弹簧式夹烟烟夹，不久 William A. Mish 研究出装烟更为简洁梳式烟夹，即通过钢针固定烟叶。之后这种装烟方式传播到日本和欧洲烟区，后经过日本研究者在卡槽和夹持方法的多方改进，最终形成目前常见的弹簧式烟夹。

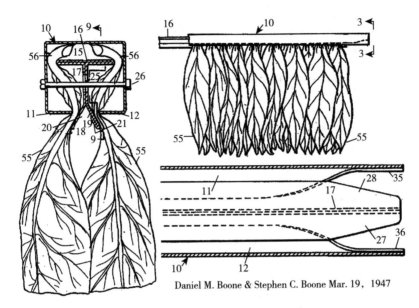

Daniel M. Boone & Stephen C. Boone Mar. 19，1947

图 2-10　最初的烟夹模型（图注略）

　　烟夹能够大幅降低编烟环节的劳动用工，然而经济的发展已经不能满足烤烟的生产。为了进一步降低劳动用工，1954 年，机械出身的 Rush D. Touton 仿造缝纫机原理设计了世界上第一台编烟机（图 2-11），精巧的链条设计能够满足机械编烟的需求，然而在编烟过程中，仍然需要使用人力把烟叶平铺到操作台面上，相对于烟夹编烟用工，没有在质的层面上解决劳动用工大的问题。

　　与此同时，在校的研究生 Bill Johnson（1960）在导师 Wiley Henson 的指导下总结前人减工的经验，成功地在实验室内使用烟夹设备在普通烤房内进行增加装烟密度的研究，并首次提出了密集烘烤"tobacco bulk curing"的概念。之后围绕在密集烘烤，众多美国学者进行了研究。为了保证热量供给，供热设备配套了散热性能好的金属材质，为了进一步降低装烟环节的劳动用工，1960 年 Francis J. Hassler 在烟夹的基础上实施进一步增加装烟密集的尝试，增加金属烟夹框体的深度和钢针的长度，使用人工强制把烟叶挤压到烟夹框体内，实现了真正意义上的密集烘烤。然而由于单框过重，劳动

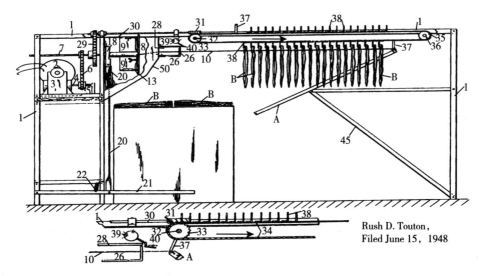

图 2 - 11 编烟机外形构造（图注略）

强度过高，较适宜强壮劳力的操作（图 2 - 12）。

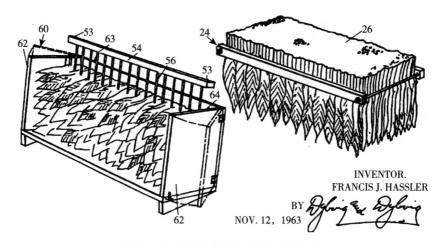

图 2 - 12 金属烟框设计模型（图注略）

之后烟框经过 Huang 进一步改进，改变装烟材料和翻转 180°改装形成了散叶插签烘烤系列装备（图 2 - 13），使用金属插针把烟叶紧紧固定在烟框内，改变原来叶尖朝下为叶尖朝上，并在应用中提出了多种可替代的实施夹烟材料，已经具备了散叶烘烤的特征。然而这种固定烟叶的方式对风量和风压提出了更高的要求，1970 年被引进巴西后，经过再次改进和简化插签装置、增加托烟栏和降低装烟密度，使烟叶松散地码放在托烟栏上，便形成巴西特有的散叶堆积密集烘烤方式。1990 年我国从巴西引进经湖北、黑龙江和贵州试验后，在贵州遵义烟区得到大面积的推广。

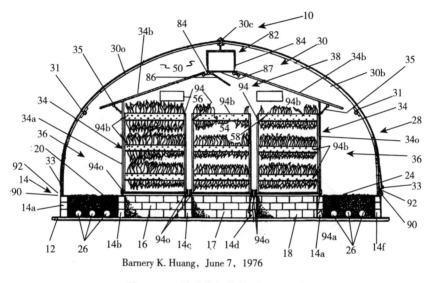

Barnery K. Huang, June 7, 1976

图 2-13　散叶装烟的雏形（图注略）

相对于小麦和玉米的机械操作，编烟竿、烟夹和烟框装烟方式从本质上没有摆脱人工的参与，从 1960 年开始，以 Noah A. Boyette 为代表的学者开始进行大箱装烟的研究，从箱体结构、材料、装烟流程、机械工具、配套的密集烤房及烘烤工艺入手，直到 1976 年 Long 完成机械辅助下金属大箱装烟的设计，实现了真正意义上烟叶密集烘烤（图 2-14）。之后的 70 年代后期已经在加拿大、美国、日本等国家全面推广。目前美国、欧洲和日本烟区几乎 100% 的烟叶用机械烘烤，巴西、加拿大、津巴布韦等也大部分采用机械烘烤。

在箱式推广之前，为了节约装烟环节的劳动用工，以 Robert H. Brooks 为代表的研究人员开发出系列的机械装烟设备（图 2-15），种类和样式繁多，在 1965 年前后的 10 年间出现几十种不同钢结构的机械设备。随着密集烤房高度降低和箱式装烟的推广，这种装烟的过渡产品逐渐被淘汰。

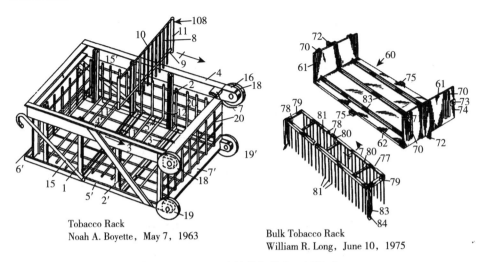

Tobacco Rack
Noah A. Boyette，May 7，1963

Bulk Tobacco Rack
William R. Long，June 10, 1975

图 2-14　金属大箱装烟设备（图注略）

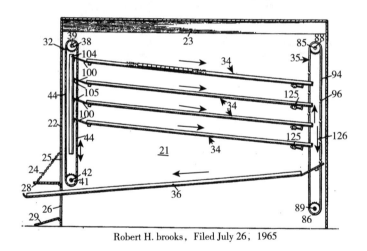

Robert H. brooks，Filed July 26，1965

图 2-15　一种烤房装烟设备（图注略）

第三节　我国烤房发展历程

一、普通供热设备的发展

1913 年英美烟草公司在河南襄县的紫云镇和王洛镇等地试种烤烟时，指导当地建造同一时期的美式烤房。随后烤烟种植面积迅速扩张，因当时的烟区经济条件较差，陆续出现少量仿造这种样板的烤房，多数烟农就地取材"利用其居室，或厨房之一部分，稍加配置，即可供用"。供热设备的规划是"室内之地面，深掘三、四尺，将土运出屋外，更于屋外向地下挖掘一部分以作炉之烧火口。"这一时期的烤房房顶屋脊朝天开口排湿，搭建雨棚防雨，挂竿两棚或三棚。房屋土建方形，低矮远观似牛棚，烘烤能力很弱，采用卧式炉膛结构，散热管道主要以土坯为主。

新中国成立后至 20 世纪 90 年代初期，我国烤烟生产的主要区域在黄淮烟区。烤房构造多根据其温带气候的特点，增加了预热进风的热风结构。在炉膛左右设置进风口，连接紧靠其尾部延续的火管下侧砌筑各种形式的热风通道，类似东北农村热炕的隔板下方的热通道，改变了以往直接从烤房四周的底部冷风洞进风排湿的方式；同时在房顶中部"对天开"式的排湿口砌筑带帽檐的高天窗，后来又发展成通脊开口的长天窗。在以往的土坯火道中出现了瓦罐砌筑的火管，散热火管布局调整为盘龙形状分叉的明三条龙、明五条独立龙、明五条紧靠龙、明三暗分叉五龙，火龙尾部按与烟囱的接口不同又分为内翻式和外翻式。此时的烤房能够挂竿四棚或五棚，火管散热性能较好，升温的灵敏性增强，烘烤质量得到提高，烘烤能力提升明显，但是排湿的灵活性较欠缺。

20 世纪 90 年代至 2000 年，是我国烤房结构变化最大的十年。为进一步提高烤烟质量，1995 年张仁义和谢德平在原有烤房的基础上增添了热风循环和智能烘烤控制装置，设计出 BFJK 型热风循环式烤房，实现了冷风进入烤房内的自动控制。

为了适应户均种植规模逐步扩大、适当增加装烟密度的要求，我国烟草行业对烤房结构进行标准化改造（普通烤房标准化改造），烤房外增加方形通道，安装轴流风机进行强制热风循环，由于土坯火龙、瓦罐火龙因导热系数低，热稳定性差等弊端而被陶瓷管、水泥管、轻质的砖瓦管等替代。90年代中期，贵州大学黄立栋等从东欧和俄罗斯引进气流下降式普通烤房在贵州烟区应用，经过多次改进，形成了独特的立式叠层散热的火管结构，不久迅速在全国烟区推广，逐渐成为许多省份新建的主流烤房。

散热的火管是烤房供热设备重要供热部件。这一期间四川省研发出"WY-1型烤房"内有"螺旋线条的火管"，火管内部管壁上有类似"地埋塑料管道"凸凹形状的结构。由于凸凹的螺旋棱体增加了火管与热气的接触面积，更有利于火管的散热。以云南为代表的西南烟区发明了散热性能更好的预制水泥火管，采用水泥混沙、铁丝或玻璃纤维做成拉筋预制圆形火管。为了进一步提高火管的散热效率，研究人员对炉膛外表面和火管外壁涂刷红外纳米涂料加大供热设备的散热能力。进一步研究发现，供热设备的外壁涂刷纳米涂料能够提高燃料的热能利用率，有效地减少烤房内上棚和下棚的温度差异。

研究人员也对燃料燃烧场所——炉膛投入大量研究。为了减少燃料添加的频率，由散煤燃烧炉膛改为蜂窝煤炉膛，可以一次性添加上百千克的燃料。2005年飞鸿和叶继宗为方便地把燃料装载到炉膛里，改变蜂窝煤的圆形结构为方形。1999年唐经祥等把单炉膛蜂窝煤炉改造成双炉膛蜂窝煤炉，轮番使用两个炉膛，节约劳动用工效果更明显。1993年张百良和赵廷林将烤房传统卧式结构的炉膛改为立式结构，下部燃烧区域为圆柱形，上部为圆锥形出烟口连接PJK型平板式火管，燃料在炉膛内的燃料率得到进一步的提高。因立式炉膛结构能够较好地匹配热风洞的构建，很快在全国烟区推广，成为北方烟区的主要燃煤炉膛。

进入21世纪，在密集烤房全面推广之前，随着卷烟工业要求在生产上为配方提供均质优等的烟叶，规模化的烤烟种植成为现实等，迫切要求进行"普通烤房标准化改造"后的烤房增加装烟密度（普改密），进行密集烘烤。许多烟区根据自己的种植规模，扩大火管管道的散热面积，增大热风循环的轴流风机功率，大幅度增加装载的鲜烟量，推广普改密烤房的自动控制装置。同时对引进的气流下降式普通烤房结构经过反复改造，也成功地进行了密集烘烤。

由于加强了热风循环，及时地强制排出烤房内多余的水分，改造后烤房内的温、湿度均匀，烤后烟叶色泽鲜亮，明显地降低了烟叶挂灰、烤黑等现象。这一时期供热设备的演变见图2-16。

伴随着普改密烤房改造的普及，电脑自动控制烟叶烤房环境内的温、湿度的技术也逐步成熟。2004年在全国重点烟区，以气流上升式普通烤房为对照，采用其改造后的普改密烤房安装"自动控温＋强制排湿"装置开展烘烤烟叶对比试验，显示加密后的烤房能够缩短烘烤时间，减少燃料消耗，降

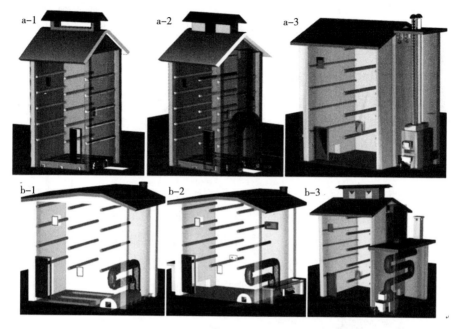

图 2-16　2009 年之前普通烤房供热设备的演变

a-1. 气流上升式普通烤房　a-2. 气流上升式普改密烤房　a-3. 气流上升式外加热普改密烤房　b-1. 气流下降式普通烤房　b-2. 气流下降式普改密烤房　b-3. 气流下降式外加热普改密烤房

低烘烤成本。

二、密集烤房供热设备的发展

20 世纪 60 年代我国已经依据国外密集烤房的实物，开始投入密集烤房构造和供热方式的研究，结合我国的国情，第一代燃煤型密集烤房由河南省烟草甜菜工业科学研究所在许昌烟区进行试验。随后，陆续出现了一批自主产权的密集烤房，如燃烧柴油、一炉拖双炕和供热平吹等类型的密集烤房，但是受当时的经济条件限制，之后密集烤房的建造长期处于教学和科研阶段，至今在广东南雄市烟草研究所内还存在一座这一时期保存完好的密集烤房。

进入 90 年代，我国部分省份分别从美国和加拿大等国整体引进了多种形式、型号和规格的价格不菲的密集烤房，有柴油供热、锅炉烧煤循环热水供热、全自动燃煤直接供热三种方式。受当时的种植规模偏小、烘烤和设备成本过高及烘烤技术操作与普通烤房差异较大等制约，仅仅局限于示范试验。

随着 2000 年以后我国经济的迅速发展，现代农业的机械化建设和农村社会经济结构不断调整，大批农村剩余劳动力向城镇转移，烤烟的生产也由传统小户分散种植向大户规模化种植方式转变。密集烘烤再次成为烟草行业关注的热点，2000—2003 年安徽省烟区成功研制出 AH-系列蜂窝悬浮式燃煤炉膛的供热设备，为当时密集烤房的推广应用树立了一座标杆。2004—2007 年，全国以江苏科地现代烟草农业有限公司为代表涌现出 60 多家研究密集烤房的供热设备厂家，加上烟叶产区的科研人员的技术攻关，一时间如雨后春笋般在全国相继出现 50 多种密集烤房的供热设备。这一时期的供热设备（图 2-17）从材质上分为金属和非金属：钢质、不锈钢、耐火材料和耐火水泥；从火管布局上划分为横列式和竖列式。

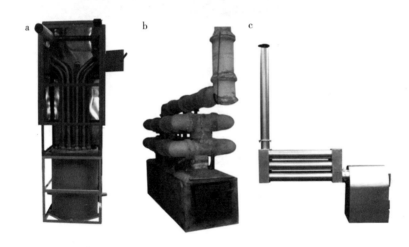

图 2-17　2009 年前密集烤房供热构造
a. 竖列式金属供热设备　b. 横列式非金属供热设备（上半部分为耐火管，炉膛为耐火水泥）
c. 横列式金属供热设备

随着户均种植规模的不断扩大，2006 年以后全国烟区进入到密集烤房的推广应用阶段，特别是北方烟区大量出现 100～300 亩种植规模的家庭农场，每年全国密集烤房建造的数量超过万座。2009 年，国家烟草专卖局针对全国密集烤房的供热设备混杂不一的现状，在 4 月 18 号出台了《关于印发烤房设备招标采购管理办法和密集烤房技术规范（试行）修订版的通知》（简称"418 号密集烤房"），统一规定了密集烤房的结构建造标准和供热设备的规格。截至 2014 年，全国烟区密集烤房数量为 90.80 万座，基本上普及了密集烤房。

然而，通过几年的生产实践，也有学者针对国家局 418 号密集烤房的供热设备提出了炉排面积和炉膛容积过大，使得燃烧炉的燃料燃烧不完全，损失较大，供热能力偏低，单位质量干烟叶耗煤量过高和劳动强度大等问题。

近几年上千亩的种植大户的出现，南阳和平顶山等地出现了一种步进式连续供热烘烤的烤房，利用轨道移动烟叶，供热设备根据烟叶的需求提供不同的热量，在烤房内形成从室温到 68℃ 连续的不同空间温度分布，烟叶烘烤进程逐步由低温区向高温区移动推进，完成变黄、定色和干筋，从而实现鲜烟从烤房的一端不断地推进，调制好的烟叶从另一端不断出来。

目前密集烤房已经成为我国烟叶调制的主流场所。虽然国家烟草专卖局规范了密集烤房的建造规格，但前期修建的密集烤房和后期不同供应商家的设备性能存在差异。近两年大批的供热设备老化，逐渐进入淘汰期，部分烟区缺乏必要的烤房维护，出现墙体房顶和门窗密封漏气等问题。现阶段还是普遍以煤炭为燃料采用直接燃烧供热的方式烘烤烟叶。但随着人们对环保的重视，替代燃煤的各类清洁能源，如空气源热泵、醇基液体、生物质固体和天然气等新型供热设备不断研究成熟，能够代替人工添加燃料，并能实现烤房内温湿度的精准控制。然而不同能源类型供热设备推广的效果和规模在不同产区之间差异较大。目前各产区出现了多种不同操作类型的密集烤房，加之人员操作存在技术偏差，区域内差异化的密集烤房调制方式和工艺容易导致烟叶香型风格弱化和光滑僵硬叶片的产生。

无人值守并且烘烤成本低廉的自动化烘烤设备在我国的研究已经成熟，进入示范性推广阶段。目前烟叶烘烤的进程控制是根据人眼识别烤房内烟叶颜色的变化和状态的变化（水分），通过烤房控制仪单向或程序地控制烤房内的温、湿度和阶段时间参数，CPU 作为烤房控制仪的大脑，缺乏主动分析数据的功能和自主操控烘烤参数的能力。下一步需要在烤房黑暗条件下研发快速检测烟叶颜色变化和失水状况的传感器，然后把采集的数据输入到烤房控制仪内，通过多技术模型算法的 CPU 进行分析处理后，输出具体的烘烤控制参数，从而代替人眼识别实现烟叶的智能化烘烤。

第四节　烟叶烘烤热源的研究进展

一、传统能源的应用

烤烟离不开火，起初使用木炭明火燃烧直接供热，在此后很长的一段时间内，一直采用木炭作为烟叶的烘烤燃料。普及火管暗火烤烟之后，干燥的木材省去了炭化环节，同样能够快速地提供烟叶烘烤的热量，逐步流行了木材燃烧供热，延续到今天仍有人使用木材烤烟。然而，连续多年持续地使用木材调制烟叶，很容易造成森林的过度砍伐，导致生态的破坏。这样，为了烤烟的生产与生态结构的平衡发展，研究人员和种植者一方面研发提高燃料效率的供热设备，一方面寻求更加廉价的热源。1888 年 Snidow 设计了一种提高烤房系统热效率的供热设备，燃料既可以使用木材也可使用煤炭。直到 1900 年，煤炭作为燃料才陆续应用到烟叶的烘烤中。液体油类燃料最初使用于皮革等贵重物品的干燥上，1920 年前后 Gardner 和 Causey 开始应用于烟叶的烘烤，发现其供热能力好于传统的燃煤或木材，并省去了烧火添加燃料的环节。此后经过不断改进，1938 年 Mayo 和 Snow 对炉膛结构、1945 年 Henderson 对燃油喷嘴、1942 年 Jackson 和 Greenvile、1949 年 Moore 对供热设备的布局构造、1976 年 Azumano 对自动控制等技术研究日益完善。随着第二次世界大战后人工成本上涨，欧美烟区逐渐替代燃煤而盛行节约用工的燃油作为烟叶烘烤的主要热源。

新中国成立前以柴草为主夹杂煤炭供热的方式，一直延续到文革后期。到目前变成以燃煤为主以干燥木材为辅的供热方式。目前我国密集烤房数量 94.80 万座，但是 95％以上的密集烤房使用燃煤烘烤烟叶。虽然曾经引进或自主研发了一批燃油为主的密集烤房，但受当时的经济条件限制，没有得到普及。

二、新能源的应用

我国为了改变这种燃煤为主的烘烤方式，许多学者进行多种燃料应用于烟叶烘烤的尝试，目前主要有生物质燃料、热泵、沼气和太阳能。相比于传统燃煤供热的烘烤费用，使用电力的热泵供热具有优势，技术上也较为完善。

热泵技术于 1930 年在德国问世，很快应用到社会中的各个方面。由于热泵在节能和减排方面有着明显的优势，热泵干燥技术被广泛地应用到现代工业当中。2003 年宫长荣和潘建斌首次把热泵换热技术应用于中国烟草烘烤的独立供热。孙晓军等进一步对热泵烤房供热设备进行了升级，提出了利用烘烤季节蕴藏在空气中的热能替代煤炭供热。之后热泵烘烤烟叶供热技术经过进一步的深入研发，日渐成熟。与燃煤烤烟相比，吕君等研究发现热泵烤烟具有明显的节能优势和社会经济效益。2013 年河南佰衡节能科技股份有限公司在河南烟区推广了 600 多座热泵供热的密集烤房，自此开启了热泵供热烘烤烟叶大面积推广的新时代，于是今天在国内的烟叶产区能够见到许多新建或改造后的热泵供热密集烤房。

热泵除湿可以实现余热的循环利用。烟草烘烤领域的热泵除湿首先被 Maw 等在 1999 年应用，但是仅仅局限于叶片的变黄和干叶期。2019 年河南省政府强制性推广热泵烤烟供热，计划 2020—2022 年内完成河南烟区大多数（4 万～5 万座）密集烤房的改造。

2020 年许昌市襄城县举办了热泵烤烟供热的比赛，来自全国的 45 个厂家参赛，出现门类齐全、配置多样和构造不一的空气源热泵的开式、半开式和闭式烤烟供热设备，辅助现代成熟的控制技术，实现了烤烟全程稳定的供热。经过比赛烤烟过程对热泵技术的优化和筛选，2021 年 1 月，河南省烟草公司出台了"空气源热泵密集烤房烤烟供热标准"。

第五节 烤烟智能控制装置的研究进展

烤烟的智能控制与社会经济的发展要求降低劳动用工水平。在利用火管烘烤烟叶之后的大约 40 多年时间里，烤房内温、湿度的调控依赖于手工操作。为了降低烘烤的劳动用工水平，1920 年前后 Gardner and Causey 采用控火操作简单的燃油供热，利用在炉膛内设置大小合适的燃油喷嘴，配套高压气罐的出口在喷嘴下方喷气雾化经喷嘴喷射的油料，混合后引燃供热。然而，这种控火的方式比较粗放，只能凭靠经验控制火焰的大小。1938 年 Mayo and Snow 设置 12 个小型燃油喷嘴，分成 4 组供热，根据烟叶烘烤的不同时期引燃不同组别的喷嘴，实现大火、中火和小火的控制。Jackson 和 Greenvile（1942）利用安装在烤房内的发热感应器"heat‐affected element"感应温度后控制其连接的燃油喷嘴的阀门大小，继而控制油料燃烧，实现控制烤房内的温度。

Henderson（1940、1945）首次进行烤房内温度自动控制尝试，利用特有材质受热后膨胀和遇冷后收缩的装置，通过杠杆拉动控制燃油阀门大小实现供热量的调节，从而达到控制烤房内温度的目的。1950 年，Moore J R 率先发明了一种温度自动控制仪"limit control"（图 2‐18），可以在智能控制装置上进行 80～180 ℉（华氏）设置，通过对比远程监测到的烤房内温度，进而有效控制燃油炉膛的热量供应。这项具有里程碑标志的烟叶烘烤智能控温装置，不久被大面积推广应用。

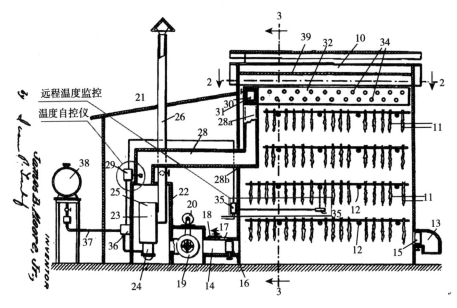

图 2‐18　第一座燃油温度自动控制的烤房（Moore J R，1950，图注略）

Moor（1960）在 Moor J R 的基础上使用配重的方法，采用气氯乙烷为介质，利用杠杆的传动作用进而控制冷风门上安装的阻尼器旋转，从而控制外界空气进入烤房内的时间和数量，实现了烤房内湿度的智能控制。但由于当时科学技术的限制，温度和湿度的智能控制是由两个各自独立的装置分别控制的。

随着密集烘烤技术的研究进展，Wilson（1970）开始尝试利用电子元件和仪表电路的形式进行温、湿度智能控制，整合温、湿度以往单独控制为一体的烤烟专用的智能控制装置。直到1976年密集烤房结构和密集烘烤技术逐渐成熟，Azumano第一次实现烤房内的温、湿度采用电气化的形式实现智能控制。

我国20世纪90年代以前，烤烟的智能控制技术处于交流探索阶段。郑州烟草研究院1977年进行的"堆积烘烤"和1981年中国农科院烟草研究所设计的5HZK-400型烤烟机为智能烘烤控制做出了大量的技术积累。在借鉴前人的基础上，仪垂杰等（1991）对MCS-51系列的8031单片机进行初烤微机模糊智能控制系统的研究，能够满足烟叶烘烤的需求。张仁义和谢德平（1995）设计了BFJK型电脑装置，配有储存、选择工艺模式、记忆运行和在线调节温、湿度功能，成功地对装烟容量为300竿的普通烤房进行控制烘烤。受经济条件的影响，一直没有普遍推广。直到2003年之后，随着不断涌现的新技术、新材料和新方法及时地运用到我国烤烟智能控制装置的硬件和软件配置上，其在烘烤过程中的温、湿度控制的效果不断提高，紧紧跟着普改密烤房陆续推广的步伐被推进应用。到目前为止，烤烟的智能控制装置已经普及到每一座密集烤房。

结 束 语

随着我国现代烟草农业产业的迅速发展和烟草生产技术的快速提升，面对经济—环境—能源等世界共同关心的重大问题，在烟草的烘烤领域改变传统的燃煤供热方式，实现绿色、环保、节能的现代化的烟草农业生产方式，已成为当前烤烟调制环节亟须解决的重大技术问题。这就需要烟草行业的研究人员采取多单位联合攻关、持续和焦点式投入，以便研发出新一代的供热设备，快速推广到我国的各个烟区，进而实现低碳烟草和烟草生产的可持续发展。

综观烤房和供热设备在国外100多年的发展史，经济的发展和科技的进步是供热设备更新换代的关键因素。通过前人研究可知，合理科学的智能控制装置、燃料燃烧的场所——炉膛和散热结构——火管是当前我国利用清洁能源烘烤研究的热点和重要内容。然而，我国地域广阔，各地气候差异性较大，不同清洁能源热量利用的特点和自身的特征存在明显的差异，加之分布存在不均衡性，诸多因素不能从一类清洁能源深入研究，只有具体分析清洁能源＋烟叶产区资源＋烟叶特性，才能使新设备具有推广应用价值。可喜的是，国内的研发在热泵供热上取得了成功案例，可以指导我们首先通过烘烤全程的控制方案，建立详细的控制温、湿度参数，然后通过研究烘烤过程的阶段性供热需求，热量供给的控制，构造出多元化的新能源用于烟叶烘烤的供热模型。

生物质能（biomass energy）是指直接或间接地通过绿色植物的光合作用，把太阳能转化为化学能后固定和贮藏在生物体内的能量。生物质能来源广泛、成本低廉，是可再生能源的重要组成部分。成熟地利用生物质能技术不仅可以缓解现阶段我国所面临的能源紧缺问题，而且能减缓因大量燃烧化石能源而造成的全球性变暖问题，对维持生态环境的稳定产生积极影响。生物质能源以其来源广、可再生、零排放、环境友好等优点逐步进入人们的视野，以生物质燃料作为城市能源供应，一方面可以杜绝我国农村地区广泛存在的农作物秸秆焚烧污染现象，另一方面可有效地缓解能源危机，优化能源结构，是我国大力鼓励与扶持的新型可再生能源。但是，在我国生物质能发展过程中也面临着相关环保标准体系不完善等短板，为生物质能在我国快速稳健发展带来了隐患。

在《能源发展"十二五"规划》（国发〔2013〕2号）明确提出：有序开发生物质能，因地制宜利用农作物秸秆、林业剩余物发展生物质发电、气化和固化成型燃料。由于大量的生物质资源得不到有效利用，再加上部分地区秸秆综合利用缓慢，从而造成秸秆焚烧现象屡禁不止，焚烧秸秆产生的有害气体及颗粒物已经成为雾霾天气的主要污染源之一。因此，将农林生物质剩余物集中收集、综合利用，替代燃煤以及作为天然气资源的有力补充，既可以防止随意焚烧所引发的大气污染，又可以优化能源结构，缓解天然气短缺所带来的困境。

值得一提的是部分欧洲优质烤烟生产的国家如意大利，最开始使用木材烤烟，随着烤烟对生态的破坏，1970 年后开始使用控制性能较好的天然气烤烟。随着近几年社会民众对环保意识的增强，烤烟的燃料开始由石化的天然气向生物质成型颗粒燃料转变。

基于此，针对生物质能源的特点分别设计和制造了几种不同的烤烟供热设备，继而在宏观上通过试验取得第一手的资料，为烟区供热设备的研究和应用提供理论依据和技术支撑，以期丰富"非煤质"类燃料烘烤烟叶，达到节能减排的目的；微观上，对于不同烟区准确结合的自己实际情况，进一步推动精益烟草农业下的绿色、精准和智能化烘烤的快速发展。

参 考 文 献

陈风雷，黄立栋，谭建，等 . 2006. 普通烤房改建为密集烤房试验 [J]. 烟草科技 (6)：54 - 57.

陈勇华，周兴华，宋智勇 . 2015. 卧式密集烤房吹风与抽风助燃烘烤对比试验初探 [J]. 耕作与栽培 (2)：15 - 16.

宫长荣，李锐，张明显 . 1998. 烟叶普通烤房部分热风循环的应用研究 [J]. 河南农业大学学报，32 (2)：163 - 166.

宫长荣，潘建彬，宋朝鹏 . 2005. 我国烟叶烘烤设备的演变与研究进展 [J]. 烟草科技 (11)：34 - 37.

胡云见 . 2003. 立式炉热风室节能烤房研究与应用 [J]. 山地农业生物学报，22 (3)：200 - 203.

黄立栋 . 1998. EB - 1 型气流下降式烤房烘烤性能的研究 [J]. 中国烟草学报 (4)：44 - 47.

任四海，孙敬权，唐经祥，等 . 2001. 烤烟立式火炉烤房改建与应用初报 [J]. 安徽农业科学，29 (5)：667 - 668.

实业部国际贸易局 . 1934. 中国实业志·山东省（第五册第八编第三章）[Z]. 上海：实业部国际贸易局：451.

孙培和，李明 . 2000. 250 竿蜂窝煤炉热风循环烤房的修建和使用 [J]. 中国烟草科学 (3)：37 - 40.

唐经祥，孙敬权，何厚民，等 . 2001. 烤房热风循环系统试验与示范简报 [J]. 安徽农业科学，29 (6)：778 - 779.

唐经祥，孙敬权，王刚，等 . 1999. 烤房蜂窝煤供热系统的改进设计与应用 [J]. 安徽农业科学，27 (4)：363 - 364.

汪廷录，杨清友，张正选 . 1982. 介绍一种"一炉双机双炕"式密集烤房 [J]. 中国烟草科学（1）：37-39.

王建安，刘国顺.2012.生物质燃烧锅炉热水集中供热烤烟设备的研制及效果分析［J］.中国烟草学报，18（6）：32-37.

王建安，余金恒，代丽，等.2008.普通标准化烤房改造为密集式烤房适宜装烟密度研究［J］.河南农业科学，37（1）：37-39.

王建安.2009.纳米功能涂料对烤房性能及烤烟特性的影响［D］.郑州：河南农业大学.

王智慧，赵鹏，党军政，等.2008.普通烤房的智能化改造与应用［J］.烟草科技（9）：8-10.

肖鹏，陈天才，张钦松，等.2016.烟叶烘烤自动加煤系统工作原理及试验研究［J］.河南农业（19）：58-59.

谢德平，蔡宪杰，肖建国，等.2010.步进式烤房的技术改进［J］.烟草科技（6）：18-21.

杨士辰，史庆文，权彪.1995.5HY-200（400）型半机械化烟叶烘烤机及两种烘烤形式的对比研究［J］.农机化研究（4）：2-27.

杨树申.1981.太阳能在烘烤中的应用［J］.河南农林科技（6）：23-24.

张百良，赵廷林.1993.PJK型平板式节能烤房［J］.烟草科技（3）：39-41.

张仁义，谢德平.1995.BFJk型热风循环式电脑烤房的设计与应用研究［J］.烟草科技（3）：38-41.

郑凎兴.1988.推广平走式火管装置技术［J］.烟草科技（4）：40-41.

Arnold B W. 1897. History of the tobacco industry in virginia from 1860 to 1894（vol. 15）［M］. US Maryland Baltimore：The Johns Hopkins Press.

Azumano H. 1976. Tobacco leaf curing system［P］. US patent，3937227.

Bilen D D，Herbert V K. 1925. Toacco stick［P］. US patent，1522489.

Bondurant A J. 1893. Tobacco plant（Vol. 44）［R］. Agricultural Experiment Station of the Agricultural and Mechanical College：34-35.

Boone D M，Boone S C，Charlotte N C. 1948-09-21. Tobacco stick［P］. US patent，2449837.

Bottum E W. 1977. Solar assisted heat mp［P］. US patent，449407.

Boyette N A. 1963. Tobacco rack［P］. US patent，3088603.

Brass L J. 1941. Stone age agriculture in new guinea［J］. Geographical Review，31（4）：555-569.

Brinkley E L，Dover N C. 1936. Tobacco barn［P］. US patent，2060002.

Bruette N. 1887. Tobacco，how grown and prepared for market，with an explanation of the plan of the author's new tobacco curing house［M］. Wisconsin：Banner steam printing house.

Buhre B J P，Elliott L K，Sheng C D，Gupta R P，Wall T F. 2005. Oxy-fuel combustion technology for coal-fired power generation［J］. Progress in Energy & Combustion

Science，31（4）：283 - 307.

Campbell J S. 1995. Tobacco and the environment: the continuous reduction of worldwide energy source use for green leaf curing [J]. Beiträge zur Tabakforschung/Contributions to Tobacco Research，16（3）：107 - 117.

Carl G M. 1933. Heat pump [P]. US patent，1900656.

Coulter W F. 1884. Furnace for curing tobacco [P]. US patent，301864.

Day J B. 1876. Apparatus for curing tobacco [P]. US patent，174786.

Fizer J H. 1882. Tobacco drier [P]. US patent，265051.

Gardner J A，Causey J O. 1926. Tobacco curing barn [P]. US patent，1585662.

Haig I T. 1946. Anniversary report 1921 - 1946—twenty - five years of forest research at the appaclahian forest experiment station [J]. Department of Agriculture: 15，67.

Hart J F，Mather E C. 1961. The character of tobacco barns and their role in the tobacco economy of the United States [J]. Annals of the Association of American Geographers，51（3）：274 - 293.

Hassler F J. 1963. Method for curing tobacco [P]. US patent，3110326.

Henderson J R. 1940. Tobacco curing apparatus [P]. US patent，2216075.

Henderson J R. 1945. Tobacco curing system [P]. US patent，2376873.

Hill R T. 1899. Notes on the forest conditions of Porto Rico [J]. Div. of Forestry US: 91 - 120.

Holllingworth J L. 1900. Tobacco curing and ordering apparatus [P]. US patent，646218.

Huang B K，Bowers Jr C G. 1986. Development of greenhouse solar systems for bulk tobacco curing and plant production [J]. Energy in Agriculture，5（4）：267 - 284.

Jackson C T，Greenvile N C. 1942. Tobacco curing system [P]. US patent，2286206.

Janjai S，Guevezov V，Daguenet M. 1986. Technico - economical feasibility of solar - assisted Virginia tobacco curing [J]. Drying Technology，4（4）：605 - 632.

Johnson H. 1923. Apparatus for tobacco curing [P]. US patent，1449324.

Johnson W H. 1960. Bulk curing of bright leaf tobacco: a curing operation compatible with mechanization [J]. Agric Engng，41：511 - 517.

Justice C O，Giglio L，Korontzi S，et al. 2002. The MODIS fire products [J]. Remote Sensing of Environment，83（1 - 2）：244 - 262.

Kadete H. 1989. Energy conservation in tobacco curing [J]. Energy，14（7）：415 - 420.

Kiranoudis C T，Maroulis Z B，Marinos - Kouris D. 1990. Mass transfer modeling for Virginia tobacco curing [J]. Drying Technology，8（2）：351 - 366.

Kulić G J，Radojičić V B. 2011. Analysis of cellulose content in stalks and leaves of large leaf tobacco [J]. Journal of Agricultural Sciences，56（3）：207 - 215.

Kuznetsov V V，Shevyakova N I. 1997. Stress responses of tobacco cells to high temperature and salinity，proline accumulation and phosphorylation of polypeptides [J]. Physiologia Plantarum，100（2）：320－326.

Lally J. 1954. The historical and scientific aspects of tobacco cultivation [D]. US Boston：Boston University.

Li H，Dong L，Xie Y，Fang M. 2017. Low－carbon benefit of industrial symbiosis from a scope－3 perspective：a case study in China [J]. Applied Ecology &. Environmental Research，15（3）：135－153.

Mana S C A，Fatt N T. 2017. Arsenic speciationusing ultra high－performance liquid chromatography and inductively coupled plasma opticalemission spectrometry in water and sediments samples [J]. Geology，Ecology，and Landscapes，1（2）：121－132.

Mayo R E，Snow H C. 1938. Means for curing tobacco and the like [P]. US patent，2223696.

Mayo R E. 1961. Apparatus for curing tobacco in barns [P]. US patent，3007689.

Megill W. 1879. Cultivation of tobacco in Kentuch（1835－1907）[M]. American Journal of Pharmacy：536.

Melvin J S. 1878. Apparatus for curing tobacco [P]. US patent，204592.

Moor J F. 1960. Tobacco curing system [P]. US patent，3100145.

Moore JR J B. 1949. Method of curing bright－leaf tobacco [P]. US patent，2475568.

Moore JR J B. 1950. Apparatus for curing of tobacco [P]. US patent，2534618.

Mujumdar A S. 2014. Handbook of industrial drying [M]. CRC press：16.

Oesch S，Faller M. 1997. Environmental effects on materials：The effect of the air pollutants SO_2，NO_2，NO and O_3 on the corrosion of copper，zinc and aluminium. A short literature survey and results of laboratory exposures [J]. Corrosion Science，39（9）：1505－1530.

OSHA（Occupational Safety and Health Administration）. 1972. Occupational exposure standards [D]. United States Department of Labor.

Platt U，Perner D. 1980. Direct measurements of atmospheric CH_2O，HNO_2，O_3，NO_2，SO_2 by differential optical absorption in the near UV [J]. Journal of Geophysical Research Oceans，85（C12）：7453－7458.

Pope III C A，Burnett R T，Thun M J，et al. 2002. Lung cancer，cardiopulmonary mortality，and long－term exposure to fine particulate air pollution [J]. Jama，287（9）：1132－1141.

Prasad R，Kennedy L A，Ruckenstein E. 1981. Oxidation of fuel bound nitrogen in a transitional metal oxide catalytic combustor [J]. Combustion Science and technology，27（1－2）：45－54.

Ramaprasad G, Sreedhar U, Sitaramaiah S, Rao S N, Satyanarayana S V V. 2013. Efficacy of imidacloprid, a new insecticide for controlling myzus nicotianae on flue cured virginia tobacco (nicotiana tabacum) [J]. Indian Journal of Agriculturalences, 68 (3): 165 – 167.

Robert J C. 1938. The tobacco kingdom – piantation, market, and factory in Virginia and North Carolina, 1800 – 1860 [M]. North Carolina: Duke University Press: 41.

Roberts B. 2006. A luxury legacy for the paris commune [J]. Southern Cultures, 12 (2): 30 – 52.

Roy M M, Corscadden K W. 2012. An experimental study of combustion and emissions of biomass briquettes in a domestic wood stove [J]. Applied Energy (99): 206 – 212.

Sabiha M A, Saidur R, Mekhilff S. 2015. An experimental study on evacuated tube solar collector using nanofluids [J]. Transactions on Science and Technology, 2 (1): 42 – 49.

Sandberg D V, Ottmar R D, Cushon G H. 2001. Characterizing fuels in the 21st century [J]. International Journal of Wildland Fire, 10 (4): 381 – 387.

Shuey R C. 1914. An investigation of the diastase of alfalfa and the effect of rapid curing upon the food value of alfalfa [J]. Industrial & Engineering Chemistry, 6 (11): 910 – 919.

Siddiqui K M, Rajabu H. 1996. Energy efficiency in current tobacco – curing practice in Tanzania and its consequences [J]. Energy, 21 (2): 141 – 145.

Siddiqui K M. 2001. Analysis of a Malakisi barn used for tobacco curing in East and Southern Africa [J]. Energy Conversion & Management, (42): 483 – 490.

Snidow J M. 1888. Drying attachment for tobacco barns [P]. US patent, 383778.

Subramaniam T S, Kouvhner B, Loguinov V. 1998. Research of using solar energy curing flue – cured tobacco [R]. CORESTA 1998 (Agronomy and Plant pathologist): Zurich Switzerland.

Subramanian K A, Mathad V C, Vijay V K, Subbarao P M V. 2013. Comparative evaluation of emission and fuel economy of an automotive spark ignition vehicle fuelled with methane enriched biogas and CNG using chassis dynamometer [J]. Applied Energy, 105 (2): 17 – 29.

Sykes L M. 2008. Mechanization and labor reduction: a history of US flue – cured tobacco production 1 950to 2008 [J]. Tob. Sci. , 1 – 83.

Tan J H, Duan J C, He K B, Ma Y L, Duan F K, Chen Y, Fu J M. 2009. Chemical characteristics and source apportionment of PM 2. 5 in Lanzhou, China [J]. The Science of the total environment (601): 1743.

Tarabet L, Loubar K, Lounici M S, Khiari K, Belmrabet T, Tazerout M. 2014. Experimental investigation of DI diesel engine operating with eucalyptus biodiesel/natural gas under dual fuel mode [J]. Fuel (133): 129 – 138.

Taylor H W. 1913. The production of bright tobacco by the fltie and air curing processes [J]. Agricultural Journal of the Union of South Africa, 5 (6): 269 – 291.

Taylor O M，Taylor J M. 1974. Tobacco bulk curing rack [P]. US patent，3807782.

Tippayawong N，Chutchawan T，Satis T. 2006. Investigation of lignite and firewood co - combustion in a furnace for tobacco curing application [J]. Am. J. Appl. Sci. ，3 (3)：1775 - 1780.

Tippayawong N，Tantakitti C，Thavornun S. 2004. Energy - and emission - based performance of an experimental tobacco bulk - curing barn [J]. Chiang Mai Univ. J. ，3 (1)：43 - 52.

Tippayawong N，Tantakitti C，Thavornun S. 2006. Investigation of lignite and firewood co - combustion in a furnace for tobacco curing application [J]. American Journal of Applied Sciences，3 (3)：1775 - 1780.

Touton R D. 1966. Apparatus for curing tobacco [P]. US patent，3231986.

Uusitalo V，Soukka R，Horttanainen M，Niskanen A，Havukainen J. 2013. Economics and greenhouse gas balance of biogas use systems in the Finnish transportation sector [J]. Renewable Energy，51 (51)：132 - 140.

Verma S K，Tiwari A K. 2015. Progress of nanofluid application in solar collectors：a review [J]. Energy Conversion & Management (100)：324 - 346.

Wang J A，Song Z P，Wei Y W，Yang G H. 2017. Combination of waste - heat - recovery heat pump and auxiliary solar - energy heat supply priority for tobacco curing [J]. Applied Ecology & Environmental Research，15 (4)：1871 - 1882.

Wang J A，Yang G H，Li C X. 2018. Zonal distribution of neutral aroma components in flue - cured tobacco leaves [J]. Phytochemistry Letters (24)：125 - 130.

Wang L，Cheng B，Li Z，Chen W，Liu B，Li J. 2017. Intelligent tobacco flue - curing method based on leaf texture feature analysis [J]. Optik - International Journal for Light and Electron Optics (150)：117 - 130.

Whitle A. 1972. Rack [P]. US patent，3659889.

Wilson R W. 1970. Automatic tobacco curing apparatus [P]. US patent，3503137.

Wu H，Zhao B，Gao W. 2017. Distance indices calculating for two classes of dendrimer [J]. Geology，Ecology，and Landscapes，1 (2)：133 - 142.

第三章　烤房构造与烘烤原理

现阶段我国烟区普遍推广了密集烤房烘烤烟叶，然而对于边远山区，在2016年国家烟草专卖局取消新建烤房补贴后，受种植规模的限制，不少烟农新建了许多20世纪使用的普通烤房和普改密烤房（如湘西和贵州毕节烟区）。目前我国烟区出现了以密集烤房为主流，普通烤房和普改密烤房为辅的烤烟生产烘烤方式。世界范围内，各类烤房因受地区经济发展的影响，也存在上述三类烤房共存的现象。烤房类型不同单位时间所需的热量（热功率）不同，因此，在进行生物质烤烟供热设备设计之前，有必要结合所使用的烤房类型，进行烤房构造的剖析。

第一节　普通烤房

国内外近二百年的发展和演变过程中，烤房结构从简单到复杂出现了各式各样的类型。基本分类上，按照烤房内从上层到下层热气流动的方向，可分为气流上升式烤房和气流下降式烤房。从气流机械运动学上划分，可分为自然通风烤房和强制通风烤房（包括堆积）两类。按单位空间内装烟密度的大小，可分为普通烤房和密集烤房。按照生产上习惯分类，可分为普通小烤房、小型密集烤房（普改密）、密集烤房和连续化烘烤烤房。

一、气流上升式普通烤房

我国的自然通风烤房又称普通烤房，目前还被云、贵、川等省份的山区零星应用。一般烘烤能力为4~6亩①，有气流上升式和气流下降式两种。

---

① 亩为非法定计量单位，1亩≈667m²，下同。

（一）基本结构

自然通风气流上升式普通烤房由墙体、挂烟设备、供热系统和通风系统等组成（图3-1）。使用1.5m的烟竿，中间编烟的长度约1.35m，室内长宽分别为2.7～2.8m×2.7～2.8m（两路梁）和4.0×2.7m～2.8m（三路梁），高6.5～6.8m，棚距0.8m。火炉和火管铺设在烤房的底部，火管受热后向烤房内散热，烟叶挂在其上方，为防止装在低棚的烟叶接触高温出现青烟，低棚距离地面一般大于1.8m。以空气为介质，依靠空气的热动力，自下而上运动通过烟层，与悬挂的烟叶进行热、湿交换。

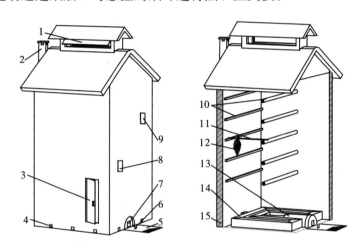

图3-1　自然通风气流上升式烤房的结构两路梁

1.排湿天窗　2.烟囱　3.门　4.冷风洞　5.烧火坑　6.热风洞　7.烧火门　8.温度和烟叶观察窗　9.烟叶观察窗　10.挂烟梁　11.烟竿　12.烟叶　13.炉膛　14.火管　15.墙体剖面

（二）烤房内气流运动和温湿度分布规律

1. 烤房处于密闭状态下的气流和温湿度规律

烟叶烘烤初始阶段，冷风洞（地洞）和排湿天窗一般全部关严。此时烤房密闭不通风，炉膛内火力较小，火管附近的冷空气被火管加热后向上运动的速度较慢，大部分热空气在烟层以下空间旋转循环。热空气从下而上的流动比较缓慢，此时的传热方式主要是低棚以下热辐射和低棚以上热传导。如果火管分布均衡合理，则烟层平面温度比较均匀；但垂直方向上下棚间温湿度差异较大，由下而上温度逐渐降低，湿度逐渐增大。

2. 烤房处于通风状态下的气流和温湿度规律

当烟叶变化到一定程度时，需要打开天窗和地洞，新鲜空气自冷风洞或热风洞进入烤房，被火管加热后上升进入烟层，将热量传给烟叶，并吸纳带走烟叶汽化的水分。一部分暖湿气流继续穿过烟层，经过烟层上部空旷的房脊由排湿天窗排出烤房；另一部分热空气在上升过程中，还会将热量传递给烟叶，自身湿度和容重增大，温度降低，逐渐由上升变为下降，成为逆流。这股逆流下降到一定高度时，又被上升的热气流重新加热变轻，复而上升，一部分从排湿天窗排出，一部分又成为逆流。这样，在烤房装烟区域的中间偏上位置形成一个低温高湿区，被称为冷气团（图 3-2）。

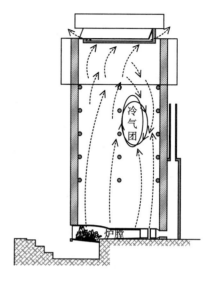

图 3-2　烤房内的冷气团形成图
（剖面图）
注：箭头——气流方向。

此时烤房的温湿度分布规律是：底层烟叶处的环境因辐射热温度最高，相对湿度最低；中层的温度最低，湿度最高；顶层的温、湿度均居中。当烟叶水分散失到一定程度时，叶片收缩导致叶间隙增大，开启的排湿天窗内外的温差产生拉力，更利于热气流上升，冷气团则逐渐缩小，直至干筋期消失。

（三）基本特点

1. 热源下置，升温排湿快

烤房内的气流自下而上运动，符合热气流自然上升的规律，因而气流上升和传热的速度较快，在垂直方向上，温、湿度差异较小。同时，排湿速度快，能确保变黄后的烟叶及时脱水干燥。

2. 装烟密度小，烤能较低

过高的装烟密度影响叶片之间的热传导和气流向上运动，烘烤前期容易增大上下棚之间的温度差异，后期排湿困难出现"焖炕"现象。竿距一般控制在 $18\sim22\mathrm{cm}$，装烟密度为 $16\sim40\mathrm{kg/m^3}$。

3. 排湿期间烤房内有一个冷气团

在烘烤中期烤房中部存在一个冷气团，此处的烟叶会较长时间处于相对低温高湿环境中，如果顶部装烟过密将对烟叶造成危害，所以装烟密度从下棚往上棚应逐渐下降。在控制合理的装烟密度条件下，冷气团的强度较弱，存在的时间较短，对烘烤后烟叶质量不会产生明显影响。

4. 排湿初期开启热风洞，中期和后期开启冷风洞

热风洞与冷风洞按照一定次序开启，排湿初期烟叶排出水分较小，开启热风洞可以避免未加热的冷风直接接触底棚烟叶，减少烟叶挂灰的机会。中后期需要大量低湿高温的热空气吸附烤房内烟叶水分，需要加大进风。根据烘烤的需要，冷风洞可以从密封开启 1/4 到全开。

二、气流下降式普通烤房

(一) 基本结构

1995 年后我国的气流下降式普通烤房由贵州烟区从东欧国家引入试验成功后向全国推广，2004—2006 年曾经作为我国新建烤房的主要类型。一般结构如图 3-3，室内长宽分别为 4m 和 2.7～2.8m，高 4.5～5.3m。房内的一侧安装加热设备，另一侧安装 4～5 层挂烟设备。火炉末端接底层火管，火管沿墙脚向对面墙壁延伸，在距对面墙壁 35cm 左右处向上折回至火炉顶部，再向上拐弯折回，排列成上、中、下三层，上层火管的末端向外连接烟囱。在火管一侧的墙基部均匀开设 4～6 个 12cm×12cm 冷风洞，火管对面的墙基

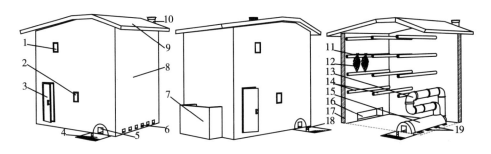

图 3-3　自然通风气流下降式烤房的结构

1. 烟叶观察窗　2. 温度和烟叶观察窗　3. 门　4. 烧火坑　5. 烧火门　6. 冷风洞　7. 排湿套筒　8. 烤房墙体　9. 房顶　10. 烟囱　11. 烟竿　12. 烟叶　13. 火管　14. 挂烟梁　15. 炉膛　16. 排湿出口　17. 墙体剖面　18. 热风洞　19. 热风出口

部居中设置（1.4～1.6）m×0.3m的排湿出口，并连接烤房外的对天敞开的排湿套筒，套筒高度1.0～1.2m，套筒外壁距离烤房外墙0.4～0.5m，排湿套筒的作用是进一步拉大烤房内外温差所产生的负压差，增强排湿效果。

（二）工作原理和气流规律

1. 烤房处于密闭状态下的气流和温湿度规律

烤房处于密闭状态时，冷空气由进风洞进入，直接吹到底层火管，被加热后上升到烤房密闭的顶棚上方内聚集，房顶有限的空间迫使热气流向下运动，通过烟层，依次加热下棚的烟叶，并吸纳烟叶排出的水分，高温的热空气自身降温增湿变重下沉。下降到地面的湿热空气与火管接触，被再次加热上升，循环往复。

2. 烤房处于通风状态下的气流和温湿度规律

通风排湿状态下，上述内循环的气流运动基本状况依然存在，同时进行气流的外循环，即冷空气从冷风洞进入烤房，被火管加热后上升，经烟层再下降到排湿出口，从排湿套筒排出烤房。此时，排湿套筒随着烟叶烘烤的进程、内外温差加大，排湿能力逐渐加大并拉动烤房内空气运动如图3-4。

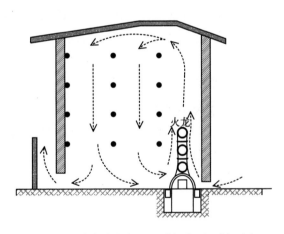

图3-4 烤房内的气流运动规律图（剖面图）
注：箭头代表气流方向。

3. 根据气流的方向改变平房顶为具有线条结构的倒偏V字形，更有利于热气流沿房顶坡度均匀地下压热气，进而降低装烟平面温差

为了充分利用热量，立式炉膛结构周围架空设置热风洞。变黄早期关闭热风洞和冷风洞，随后根据烟叶的变黄情况和失水状况，先开启热风洞，逐渐增大进风量，然后再开启冷风洞。

（三）主要特点

1. 保温、散湿性能好，烟叶变黄较为一致

由于烤房的顶部处于密封状态，可避免上升式烤房的部分热气顺烟竿或后期烟叶凋萎后产生的空隙，减少热量直接排除的损耗。同一棚次的不同方位温湿度分布更加均匀，有利于烟叶统一变黄。

2. 装烟室内气流较有规律

在烟叶烘烤过程中，无论密闭状态还是通风排湿状态，烤房内气流均能进行内循环，热气流都是自上而下通过烟层，消除气流上升式普通烤房的"冷气团"存在。在垂直方向上，自上而下温度递减、湿度递增，上下差异很大，所以装烟层数不宜过多，最佳的装烟棚数为4层。装烟时密度的控制与气流上升烤房正好相反，上棚适宜装密，下棚适当增加竿距。

3. 空气性质受外界影响较小

在通风排湿状态下，外界进入的冷空气不直接接触烟叶，而是先被火管加热，先上升再下降，并在上升的过程中因为空气的流动而发生空气间二次热交换，从而进入顶棚空间热空气的温度较为均衡。冷空气自身的压力下压热空气，烟层对烧火大小的反应相对滞后，烟层处不会轻易形成猛升温或长时间大幅度降温，有利于提高烟叶烘烤质量。

4. 利用排湿套筒的排湿更加顺畅

改变了以往借助于烟囱壁套筒排湿的方式，可以改变烘烤前期因火力较小、烟囱温度不高带来的排湿困难问题。对于装烟密度较大烤房，可以适当增加排湿套筒的高度增加排湿，但是过高的排湿套筒不利于烟叶的排湿。由于不存在气流上升式普通的冷气团，烤房底部湿度最大的气体直接通过排湿套筒排出，具有一定的节能效果。我国多采用空心砖砌筑后粉刷水泥修建排湿套筒。

5. 总体排湿效果不如气流上升式普通

气流下降式烤房迫使热空气在烟层中向下运动，与热气流自然上升的规律正好相反，因而造成上、下烟层的温湿度差异过大，直到烟叶干燥时才明显减小。由于气流向下运动缓慢，导致排湿比较困难，下层烟叶长时间处于低温高湿环境中，会降低低棚烟叶的烘烤质量。

第二节　普通烤房改造成密集烤房

进入 2000 年后，我国烤烟农户户均种植规模有所提高，原有的烤房设备已不能满足烘烤的需要。全国范围内试行普通烤房改造为密集烤房（俗称"普改密烤房"），普改密烤房在基本保留普通烤房主体结构和通风排湿系统的基础上，通过增强供热和换热系统，增设热风循环设备和温、湿度自控装置，实现烘烤过程中的强制通风、热风循环和温湿度精准控制一体化。自然通风普通烤房改造成密集式烤房后装烟量增大 50%～80%，烘烤能力和烘烤质量大大提升，改造的形式主要存在气流上升式和气流下降式两种结构。

一、气流上升式普改密烤房

（一）基本结构

根据烟叶与火管的位置关系，分为热源内置式普改密烤房和热源外置式普改密烤房。

1. 热源内置式普改密烤房

增加装烟密度，由原来的 18～22cm 竿距变为 12～14cm 竿距。该类型烤房烘烤时火管与烟叶同处一室，火管分布于烟叶下方，气流不发生改变，见图 3-5 左。由原来的土坯或瓦罐材料更换散热性更好的陶瓷或耐火水泥火管，增加原普通烤房的加热系统供热能力，在原烤房山墙顶端和低端相应位置设置若干活动或固定回风口和进风口，于山墙外增建一循环通道，将进风口和回风口连接，热风循环风机电机（4 号轴流风机）置于通道中，与装烟室共同构成热风循环系统。进风依赖烤烟智能控制仪器控制电动进气门（30m 高×40cm 宽）开启大小，从而调节进风量的多少。排湿时烤烟智能控制仪器控制电动排湿窗里的风机转速实现强制排湿。原烤房其他结构基本保留。

2. 热源外置式普改密烤房

在原烤房基础上，拆除地面上火管和炉膛后地面为裸地，增加一底棚装烟，底棚与地面 1.1～1.3m 比较合适。并在烤房山墙边建造单独的热风室，增加供热系统供热能力，将烤房分隔成相对独立的加热室和装烟室两个部

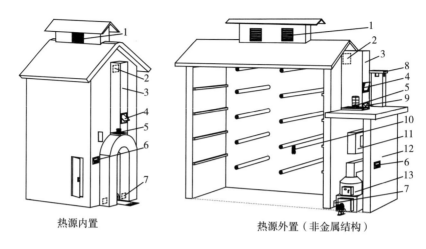

热源内置　　　　　　　　热源外置（非金属结构）

图 3-5　自然通风气流上升式普改密烤房结构

1. 电动带封叶排湿风机　2. 回风口　3. 热风循环套筒　4. 电动进气门　5. 热风循环风机
6. 烤烟智能控制仪器　7. 进风口　8. 烟囱　9. 循环风机维修门　10. 温湿度传感器　11. 非金属
散热器　12. 外加墙体　13. 非金属炉膛

分，根据炉膛和散热器，分为金属结构和非金属结构两种形式，见图 3-5 右。

　　散热器一般采用耐火管或耐火水泥预制板。由于非金属供热设备的热风室较大，为了降低改造成本，热风室房顶高出散热器顶端 50～80cm 即可，在隔热墙底端设置进风口，上端居中靠近烤房的山墙设置回风口，热风室上部修建循环通道，内径为 50cm×50cm，安装循环风机（5 号轴流风机）增强烤房内热气循环。排湿的操作和气流运动方向与普改密热源内置式相似。采用数值温、湿度传感器采集烤房内的温度和湿度，烤烟智能控制仪器显示烤房内的实际温度、实际湿度、目标温度和目标湿度。

（二）主要特点

1. 普改密烤房烘烤能力较普通烤房有大幅提升

　　在不改变气流运动方向的烘烤模式下，普改密烤房由于具备热风循环系统和温湿度自控装置，其装烟密度比普通烤房大，一般烘烤能力为 8～12 亩烤烟。

2. 实现湿度精确智能控制，有利于保证烟叶烘烤质量

　　普改密烤房具有热风循环系统和湿度自控装置，可以依据在线的目标湿

度控制排湿装置电动进气门和电动带封叶排湿风机，智能调节进气门开启的角度和排湿风机转速，进而准确地调节烤房内实际的湿度。气流上升式烤房经改造后，基本上消除了烘烤中期烤房中部的冷气团。

3. 辅助控制温度，升温更加灵敏

增添的鼓风机在温、湿度自控装置控制下，根据目标温度和烤房内在线温度的差异，离心的鼓风机自动调整叶片转速调节助燃空气的供应量，能够促进或抑制煤炭的燃烧进而控制供热量，达到控制在线温度的目的。

4. 烘烤的安全性得到提升

特别是热源外置式普改密烤房，把原来的热源移到装烟室外的热风室内，提高烟叶烘烤的安全性，减少不必要的烘烤事故的发生，装卸烟叶能够平底操作，起到减工增效提质的作用。烤房在机械通风状况下，室内叶间隙风速是自然通风的 2 倍左右，垂直温差和平面温差都很小，一般在 2℃±1℃。

二、气流下降式普改密烤房

（一）基本结构

根据是否增加装烟室，分为热源偏置式普改密烤房和热源中置式普改密烤房。

1. 热源偏置式普改密烤房

该类型烤房的基本结构不变，火管位于烤房一侧竖立排布，气流不发生改变，见图 3-6。在原进风口处修建密封的进风套筒，居中位置安装电动进气门，进入烤房内的冷风由智能控制仪器根据烘烤的需要自动控制电动冷风门旋转角度，进而控制风量。在原排湿套筒顶部安装套筒盖板进行密封，安装可以变速的排湿风机，根据烤房排湿的需要，进行变速排湿。为了增强热量供应，更换散热性更好的陶瓷或耐火水泥火管，增添鼓风机增强氧气供应量帮助燃料燃烧供热。靠近火管一侧挂烟梁的上方对称两个安装循环风机增强烤房内通风。其他结构基本同原烤房。

2. 热源中置式普改密烤房

原有气流方向不发生改变，增大炉膛结构和增强散热器换热性能，在原有火管位置的另一侧对称修改相同的装烟室，增加装烟密度，见图 3-7。在装烟室地面对称修建循环通道，放置循环风机后使用盖板盖上，前段越过

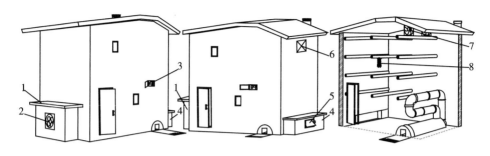

图 3-6　气流下降式烤房的偏置式普改密结构

1. 套筒盖板　2. 排湿风机　3. 烤烟智能控制仪器　4. 进风套筒　5. 电动进气门　6. 循环风机维修门　7. 循环风机　8. 温湿度传感器

挡风帘靠近炉膛处修建狭长的出风口，后端留出回风口便于下沉的气流经过循环风机从出风口输送到供热设备上发生热交换。两个装烟室对称的循环风机存在高低挡位，同一挡位同时同步运行。烤房外两端对称的排湿套筒上安装排湿风机，根据烟叶烘烤排湿的需要，变速排湿。外界空气通过冷风进风口进入，由于烤房内外压力一致，进风量的多少取决于排湿出风量的多少，依靠内外压力进行平衡。

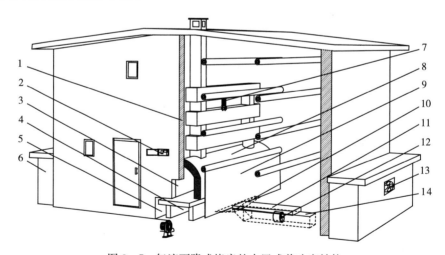

图 3-7　气流下降式烤房的中置式普改密结构

1. 墙体剖面　2. 烤烟智能控制仪器　3. 烧火门　4. 灰坑　5. 冷风进风口　6. 排湿套筒
7. 温湿度传感器　8. 炉膛（蜂窝煤或散煤）　9. 挡风帘　10. 出风口　11. 循环通道盖板
12. 循环风机　13. 排湿风机　14. 回风口

（二）主要特点

1. 烤房的烘烤能力明显增强

气流下降式中置式普改密烤房增加一个装烟室，增强循环通风，装烟量是原有烤房的 3 倍以上，能够满足 15 亩左右的烤烟烘烤需求。左右两室同步烘烤，对两个装烟室装烟竿距、单竿重的要求较高，目前在湖南烟区大量使用。

2. 烘烤质量得到提升，时间明显缩短

由于在烤烟智能控制仪器下实施辅助控制，强制通风大幅度缩小了原来上下棚烟叶之间温度差异，由 10℃以上差异缩小为 5℃左右，烟叶烘烤进程的一致性增强，不同棚次之间的烟叶烤后质量色差缩小。强制排湿改变了以往气流下降式普通烤房的排湿困难问题，排湿用时减少。

三、其他改变气流方向的普改密烤房

在南方烟区，普通气流上升式烤房顶棚和排湿天窗之间存在一个隔热板层，直接修建外置式或内置式普改密烤房存在偏风偏热问题，见图 3-8。可把气流上升式烤房改造成气流下降式普改密烤房。新建的热风室上部居中位置打孔安装循环风机向装烟室内吹风，风流通过隔热板上的孔洞而下，通过烟层到达烤房的底部，在负压的作用下，底部的空气通过装烟室与热风室的隔墙下方的回风口进入到热风室，完成内部循环。当烤房需要排湿时，外界冷风通过电动进气门进入到热风室内，和从回风口里进入热风室的热风一起接触到高温的供热设备从而温度上升，在循环风机的输送下进入到装烟室底部，排湿风机开启后通过山墙下的排湿孔排出部分高湿低温的气体，部分气体通过回风口再次进入到热风室继续循环。

这种改变气流方向的普改密烤房优点是循环风机吹入装烟室内的热风，通过隔热板四角有规则的孔洞分风，能够明显降低由气流上升式普通烤房造成的热源内置式和外置式普改密烤房的平面温差，烤出的烟叶质量进一步提高。缺点是一旦停电，由于热风自流通道狭窄和装烟密度较大，对烟叶的烘烤质量影响较大。

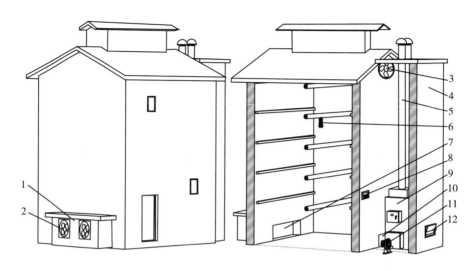

图 3-8　气流上升式烤房改造为气流下降式普改密烤房

1. 排湿套筒　2. 排湿风机　3. 循环风机　4. 新建热风室外墙　5. 金属散热器　6. 温湿度传感器　7. 烤烟智能控制仪器　8. 金属炉膛　9. 回风口　10. 助燃鼓风机　11. 电动进风门

第三节　密集烤房

在国家烟草专卖局的大力支持和"烤烟适度规模种植配套烘烤设备的研究与应用"项目的引导下，在户均种植面积不断提高的条件下，我国烟叶密集烤房由原来试点示范性试验逐渐进入了推广应用时期。2005—2008年，全国不同烟区密集烤房建设呈现直线上升趋势。为了规范密集烤房建造和设备配置，2009年4月18日国家烟草专卖局出台了《密集烤房技术规范（试行）》。自此，国内烟区推广的密集烤房存在两种结构形式：气流上升式和气流下降式。

一、基本结构

我国密集烤房以煤为能源，密集烤房整体结构主要包括装烟室和加热室两部分，其间由隔热墙隔开。在隔热墙上开设有热风进风口和回风口使装烟室与加热室相通，实现热风循环。气流上升式密集烤房的进风和排湿设备在烤房的上部，单体的基本结构如图3-9；气流下降式密集烤房的进风和排湿设备在烤房的下部，单体的基本结构如图3-10。连体密集烤房为多个密集烤房的墙体合并连接到一块。具体的建造尺寸见国家烟草专卖局密集烤房建设标准。

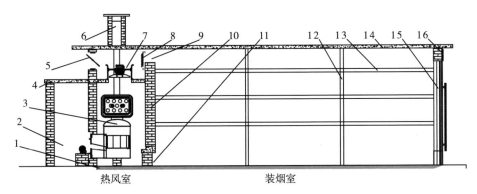

图3-9　气流上升式密集烤房的基本结构

1. 地下隔热层　2. 烧火棚　3. 加热器　4. 循环风机台板　5. 电动进风门　6. 烟囱　7. 循环风机　8. 排湿窗　9. 回风道　10. 隔热墙　11. 进风道　12. 挂烟梁支架　13. 挂烟梁　14. 房顶　15. 装烟门　16. 辅助排湿门

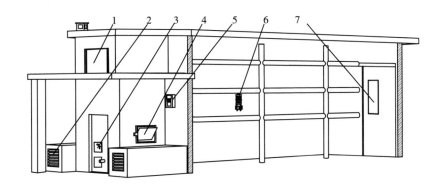

图3-10　气流下降式密集烤房的基本结构

1. 风机维修门　2. 排湿窗　3. 加煤口　4. 电动进风门　5. 烤房控制仪　6. 温湿度传感器烟囱　7. 后门观察窗

二、工作原理和气流规律

加热室中的加热器加热空气后，由循环风机送入装烟室，加热烟叶后上升（或下降）到烤房上部（或下部）。在烤房处于密闭状态下时，冷风进风门处于关闭状态，热空气在加热室和装烟室循环。在烤房冷风进风门开启后，热空气在装烟室携带烟叶排出的水分成为湿热空气，一部分由排湿口排出，一部分继续在加热室和装烟室循环。

三、基本特点

（1）装烟密度和烘烤能力大。鲜烟装载量在 5 000kg 左右，一般是普通烤房装烟密度的 4～7 倍，烘烤能力以 16～20 亩烟叶为主。

（2）实行强制通风。1 台 7 号的叶片，4 个轴流风机，额定频率 50Hz，额定功率 1.5kW 或 2.2kW，额定转速 1 440r/min，热风循环，叶间隙风速比普通烤房更大。

（3）一般采用烟竿，竿距为 6～9cm，或使用特制烟夹，以增加装烟密度和装烟量。

（4）有温湿度自控系统，干球和湿球温度传感器采用 DS18B20 数字传感器。温度测量范围为 0～85℃，分辨率±0.1℃，测量精度±0.5℃。干球温度控制精度±2.0℃，湿球温度控制精度±1℃，使烟叶烘烤温湿度控制更精准，有利于保证烟叶烘烤质量。

（5）装烟高度为 3 棚（部分产区 4 棚），高度降低，节省装卸烟竿用工。

第四节　烟叶烘烤理论与实践

烟叶的烘烤是烟草调制中至关重要的一步，是决定烟草最终质量优劣的关键。我国烤烟起始于 1913 年的河南许昌和山东青岛。100 年多来，烤房设备由低级到高级，由简单到复杂，逐渐形成了与我国农村经济技术状况相适应的结构形式。烟叶的干燥技术在烟草生产中有着重要的应用，烟叶干燥分为初烤和复烤两个部分。在初烤过程中，无论是 20 世纪六七十年代的自然通风式烤房，还是近些年快速发展的密集型强制通风烤房，烟草干燥过程的好坏大大影响了其之后的使用价值和烟农的收入。但是烟叶的烘烤不是一个完全标准化的过程，这是由于各个地区的烟叶物理性状都会有所差异，即使是同地区生产的烟叶，不同时间段采集不同部位的烟叶品质也会有一定的差异。我国的烟草干燥技术从传统的小作坊式烤房到现在的密集型多段式烤房，已经获得了长足的发展。随着科技的不断进步，实验方法和手段在不断地提高，各种计算机软件的开发使得分析干燥过程的热湿传递现象有了更加直观的判断。

20世纪50年代以前，我国一直沿用简陋的土烤房，直接在烤房内烧火加热。20世纪60年代，随着烤烟干湿温度计的推广使用，烘烤技术才有所改进，但烘烤工艺还是以经验为主。进入70年代后，烘烤工艺以追求黄、鲜、净为目标，采取"高温快烤"的操作技术。80年代中后期到90年代初，烘烤工艺方面，各地相继研究提出了五段式、七段式和六段式的"双低"烘烤工艺等，但仍然停留在凭经验看烟、凭感觉烧火的低水平上。90年代，我国烘烤技术和烤房设备有明显的进步和创新，河南农业大学宫长荣等提出了"烤烟三段式烘烤工艺"，实现了与国际通用的烘烤先进水平的接轨。

随着2009年后密集烤房在全国烟区推广应用，在原有普通烤房"三段式烘烤工艺"的基础上，国内烟区根据本地的气候和烟叶发育特征，创造性开展密集烘烤工艺的探索，并成为我国不同烟区密集烤房各具特色的烘烤工艺。重庆市烟草公司把原来的三段式烘烤工艺细化创立了烟叶烘烤的"三段六部式"烘烤工艺；中国农业科学院烟草所在三段式烘烤和五段式烘烤的基础上提出了"8点式精准密集烘烤工艺"，该工艺包括38℃、40℃、42℃、45℃、47℃、50℃、54℃和68℃等8个关键温度点；湖南省烟草公司针对芙蓉王原料配方的需求，在全国范围内提出中温中湿的密集烤房变黄烘烤工艺；贵州省烟草研究院在散叶烘烤推广的过程中，总结出"两长一短"低湿慢烤的烘烤工艺；云南省烟草研究院为了提高烟叶的可用度，经过实践提出了提质增香的烟叶烘烤工艺；江西省烟区针对种烟草地块之间的差异，开展了密集烤房一烤一方案的策略；许昌市烟草科研所针对烟叶在烤房内的颜色和状态变化进一步量化温度、湿度和烘烤时间指标，提出了"12345密集烘烤"工艺。

为了提高烟叶烘烤质量，许多学者针对不同质量的烟叶开展了大量的研究。李传玉等（2008）研究发现，在烘烤烟叶时快速升温并延长关键温度段的时间，能够有效提高烟叶质量。汪伯军（2010）研究发现，将采收后的烟叶在晾棚悬挂一段时间，利用烟叶自身呼吸作用变黄发软后再进行烘烤，可以缩短烘烤时间，减少煤耗。蒋笃忠（2010）认为散叶烘烤时，应该降低变黄期和定色期的湿度，控制湿球温度在 33～34℃，促使烟叶变黄，叶尖发软倒伏。周初跃等（2011）研究发现，在变黄期采用较高温度，在定色期采用相对较低的湿度进行烟叶烘烤，能够使烟叶失水速度和变黄程度更加协调。而袁芳等（2011）则认为在定色期采用相对较高的湿度，降低风机的转速并将烘烤时间延长 10 小时以上，烤后烟叶的化学成分协调性较好，虽然略微增加了烘烤成本，但烤后烟叶的价格有一定的提升。许威等（2012）研究发现，适当拉大烘烤过程中变黄期的干湿球温度差并延长变黄时间，可以提高烤后烟叶成熟度，增大橘黄烟叶比例，降低杂色烟叶比例。邓小华等（2013）研究发现，适当增加烘烤过程中的湿度，烟叶化学成分会更加协调。贺庆祥等（2017）和董祥洲等（2019）分别在气流下降式和气流上升式密集烤房测量了烘烤过程中不同区域随时间变化的温湿度状况，为改进烘烤工艺提供了依据。

目前国内烟叶烘烤主流是为保证烟叶的色泽、有效成分含量等，对烤烟各阶段烤烟房的室内热湿环境均有严格的要求，虽然形成上述的烘烤工艺和阶段性的量化指标控制，然而都是在三段式烘烤工艺的基础上演变而来的。三段式烘烤工艺是在长期生产实践和技术发展过程中总结得到的优化的温湿度控制指标，将烘烤条件量化，以确保烟叶内部生理生化反应与外观变化同步协调。

生物质能源烤烟供热的设计围绕着"三段式烘烤工艺"曲线，在整个烘烤过程分为变黄期、定色期和干筋期三个阶段（图 3-11）。变黄期要使烟叶实现变黄，并适量脱水实现变软，该阶段烤烟房内温度较低，排湿量大，先逐步升温至 36～38℃低温烘烤，保持湿球湿度比干球温度低 1～2.5℃，直至烟叶八成变黄后，再升温至 40～42℃，保持湿球温度为 36～37℃。定色期的主要目的是使烟叶干燥，从而将黄色固定下来，并开始产生烟叶致香物质，同时要注意防止出现褐色。该阶段温度相对较高，从 42℃慢速升高到 46～48℃，不断加大排湿量，使烟筋充分变黄，勾尖卷边至小卷筒，随后升到 54～55℃，维持足够的时间，使烟叶大卷筒。整个烘烤过程定色阶段排湿量最大，湿球温度控制在 37～38℃。整个定色过程升温速度根据烟叶变黄期变黄速度快慢来掌握，对于变黄快的烟叶要快升温、快排湿、快定色；对于变黄慢的烟叶要慢升温、慢排湿、慢定色；定色避免干球温度猛升猛降。

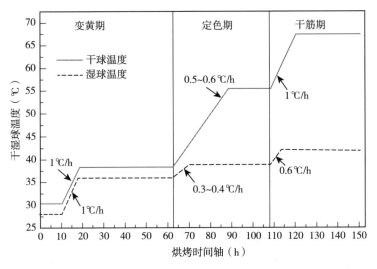

图 3-11 三段式烘烤工艺曲线

干筋期逐步将烤房温度升高到 65～68℃，此阶段主要是叶脉的脱水干燥，排湿量非常小，减少新风量，以利于提高温度和节能。湿球温度维持在39～42℃，防止湿球过高导致烤红现象，干筋后期要保证所有烟叶主脉全干。

整个烘烤阶段通过对烘烤环境温度、湿度、时间的调控，依据烟叶外观颜色和水分判断叶内物质变化，达到将烟叶烤黄、烤干、烤香的目的。

参 考 文 献

陈风雷，黄立栋，谭建，等.2006.普通烤房改建为密集烤房试验 [J]. 烟草科技 (6)：54-57.

陈其峰，张弋春，方双红，等.2008.普通烤房密集化改造的试验研究 [J]. 安徽农业科学，36 (27)：12055-12056.

陈勇华，周兴华，宋智勇.2015.卧式密集烤房吹风与抽风助燃烘烤对比试验初探 [J]. 耕作与栽培 (2)：15-16.

崔国民.2016.提质增香烟叶烘烤工艺 [J]. 云南农业 (11)：16.

杜锦才，张海丹，王飞，等．2017．煤粉燃烧颗粒粒子云辐射特性的研究［J］．光谱学与光谱分析，37（1）：217-220．

方平，张晓力．2004．烟叶烤房温湿度自动控制仪的设计［J］．电子技术应用（7）：32-34．

飞鸿，蔡正达，胡坚，等．2011．利用生物质烘烤烟叶的研究［J］．当代化工，40（6）：565-567，592．

飞鸿，王毅，杨跃，等．2006．方型蜂窝煤立式烤炉烤房［P］．中国专利，200420104516.2．

高天荣，刘玲．1996．远红外烤烟涂料［J］．云南师范大学学报，16（4）：57-58．

宫长荣，李锐，张明显．1998．烟叶普通烤房部分热风循环的应用研究［J］．河南农业大学学报，32（2）：163-166．

辜胜阻，李华．2011．以"用工荒"为契机推动经济转型升级［J］．中国人口科学（4）：2-10．

国家烟草专卖局．2009．密集烤房技术规范［Z］．

何鸿玉．2002．生物质气化烤烟系统的研制［D］．郑州：河南农业大学．

何梓年，朱敦智．2009．太阳能供热采暖应用技术手册［M］．北京：化学工业出版社：274．

侯留记，李盎，王锡康，等．1996．四川省小型烤房设计与推广应用［J］．烟草科技（3）：37-38．

胡云见．2003．立式炉热风室节能烤房研究与应用［J］．山地农业生物学报，22（3）：200-203．

黄立栋．1998．EB-1型气流下降式烤房烘烤性能的研究［J］．中国烟草学报（4）：44-47．

赖荣洪，许威，任周营，等．2018．一烤一方案与传统烘烤工艺对烟叶质量的影响［J］．湖南农业科学（2）：78-80．

李俊业，郑荣豪，王晓宾，等．2016．密集烤房非金属耐火材料供热设备的设计及烘烤效果［J］．华南农业大学学报（自然科学版），37（6）：110-116．

李龙．2016．密集型烤房燃煤燃烧炉节能改造研究及其综合效益评价［D］．重庆：重庆大学．

刘奕平，张仁椒，许锡祥．1998．MY-Ⅰ型双炉烤房安装与烘烤试验初报［J］．中国烟草科学，19（2）：21-23．

吕君，魏娟，张振涛，等．2012．热泵烤烟系统性能的试验研究［J］．农业工程学报，28（S1）：63-67．

朴世领，李云善，金江山，等．1999．远红外涂料液在烤烟烘烤上的应用效果［J］．延边大学农学学报（4）：12-15．

任四海，孙敬权，唐经祥，等．2001．烤烟立式火炉烤房改建与应用初报［J］．安徽农业科学，29（5）：667-668．

孙建锋，杨荣生，吴中华，等．2010．生物质型煤及其在烟叶烘烤中的应用［J］．中国烟草科学，31（3）：63-66．

孙培和，李明．2000．250竿蜂窝煤炉热风循环烤房的修建和使用［J］．中国烟草科学（3）：

37-40.

唐经祥，孙敬权，何厚民，等.2001.烤房热风循环系统试验与示范简报［J］.安徽农业科学，29（6）：778-779.

唐经祥，孙敬权，王刚，等.1999.烤房蜂窝煤供热系统的改进设计与应用［J］.安徽农业科学，27（4）：363-364.

汪廷录，杨清友，张正选.1982.介绍一种"一炉双机双炕"式密集烤房［J］.中国烟草科学（1）：37-39.

王建安，余金恒，代丽，等.2008.普通标准化烤房改造为密集式烤房适宜装烟密度研究［J］.河南农业科学，37（1）：37-39.

王建安.2009.纳米功能涂料对烤房性能及烤烟特性的影响［D］.郑州：河南农业大学.

王智慧，赵鹏，党军政，等.2008.普通烤房的智能化改造与应用［J］.烟草科技（9）：8-10.

温亮，李彦东，张教侠，等.2013.第二代密集烤房生物质高效环保炉试验研究［J］.现代农业科技（5）：223-226.

肖鹏，陈天才，张钦松，等.2016.烟叶烘烤自动加煤系统工作原理及试验研究［J］.河南农业（19）：58-59.

谢已书，李国彬，姜均，等.2013.一种"两长一短、低湿慢烤"的烤烟烘烤工艺［P］.中国：201310443935.2.

徐秀红，王传义，刘昌宝，等.2012."8点式精准密集烘烤工艺"的创新集成与应用［J］.中国烟草科学（5）：68-73.

徐增汉，王能如，李章海.2006.普通烤房半自动化烘烤烟叶试验研究［J］.安徽农业科学，34（23）：6230-6232.

杨士辰，史庆文，权彪.1995.5HY-200（400）型半机械化烟叶烘烤机及两种烘烤形式的对比研究［J］.农机化研究（4）：2-27.

于海龙.2008.油页岩燃烧污染物排放特性的影响因素分析［J］.中国电机工程学报，28（29）：41-45.

余茂勋，杜同牲，陈亚申，等.1974.烤房的研究Ⅲ 供热系统［J］.烟草科技（2）：20-31，51.

曾祖荫，李碧宽.2002.L-QX烤房与QS烤房烘烤功能比较试验［J］.贵州农业科学，30（6）：11-13.

曾祖荫，李碧宽.2003.立式炉灶——气流下降式烤房（L-QX）技术的机理初探［J］.贵州农业科学（6）：58-59.

张百良，赵廷林.1993.PJK型平板式节能烤房［J］.烟草科技（3）：39-41.

张仁义，谢德平.1995.BFJk型热风循环式电脑烤房的设计与应用研究［J］.烟草科技（3）：38-41.

张云，姚刚，温祥哲，等 . 2000. 使用远红外涂料烘烤烟叶的效果［J］. 陕西农业科学（1）：
　42 - 43.

郑淦兴 . 1988. 推广平走式火管装置技术［J］. 烟草科技（4）：40 - 41.

郑瑞澄 . 2006. 民用建筑瑞云浓热水系统工程技术手册［M］. 北京：化学工业出版社：231 - 233.

中国烟叶公司 . 2018. 中国烟叶生产技术指南［M］. 北京：中国烟叶公司（白皮书）.

GB5468 - 85. 1985. 中国国家标准：锅炉烟尘测试方法［S］.

第四章 生物质能源供热基础参数

烟叶成熟采收后被放入到烤房内，在外援协作供热的条件下合理地控制温湿度，经过 100～140h 的工艺过程，烟叶由黄绿色变成黄色，由新鲜的烟叶变成干燥烟叶，由淡淡的烟草味到浓郁的烤烟香，涉及物质转化、水分干燥和质量形成的过程。烟叶烘烤是利用叶片衰老死亡的生物学属性，将田间采收的烟叶在烤房内通过人为调控环境因素在烟叶组织内部处于最佳的衰老死亡条件下，促使烟叶进一步衰老、变黄、干制的过程。随着叶片的衰老，叶内大分子有机物（叶绿素、淀粉、蛋白质等）降解、消耗、转化，产生对品质有用的糖、氨基酸、芳香类物质，当接近最佳品质要求时迅速使烟叶脱水干燥，抑制生理生化反应，终止分解代谢，加速叶片衰老死亡的进程，将生产和烘烤过程中形成的优良品质固定下来。

烟叶的初烤对于烟叶的品质起到了固定和彰显的作用，烘烤工艺的设置与设备的匹配缺一不可，烟叶的初烤是烟叶脱水干燥和生理生化过程的统一，恰当的温度、湿度、风量，使得烟叶的颜色、水分、香味得到最佳的呈现。在烟叶烘烤变黄过程中其主要发生三个方面的变化：一是烟叶颜色的变化，烟叶由绿色变成黄色，然后再变成褐色；二是蛋白质、淀粉等大分子内含物的降解，即分解代谢，产生小分子的糖、氨基酸及香气物质，同时合成烟叶的香吃味如酚类、脂类和芳香类的物质；三是烟叶水分的变化，鲜烟叶经过调制后含水量由 85% 左右下降到初烤烟的 7% 左右，即烟叶的失水干燥。虽然人们根据烟叶的颜色、形态变化将这一过程分为变黄期、定色期、干筋期三个阶段，但在烟叶烘烤变黄过程中不论是内在生理生化反应，还是外在颜色变化以及失水都是连续性的，烟叶的生命代谢活动具有连续性，生命活动的轨迹不应是点与点或点与线段的组合，而应该是平滑连续的曲线，即使各个阶段之间的过渡也应是连续平滑的。烟叶的生理生化活动不论是增强还是减弱，其变化都是渐进连续的，因此在外援热量供应的过程中不应出现断层，这样才符合生物生命代谢活动的特点，才能最大限度地彰显烟叶的内在品质，才能够形成工业需求的原料烟叶，实现最佳经济效益。

第一节　烟叶烘烤供热规律

一、烟叶烘烤中热量供需平衡

烟叶的烘烤最为耗能，烤房内烟叶的调制需要外界提供热量，其烘烤的过程也是大量热量损耗的过程。根据烘烤从室温开始到68℃结束的工艺要求，外界提供的热量与烤房损耗一直处于平衡状态中。在此过程中是一个复杂的传热、传质过程，同时伴随着复杂的物理、化学变化。烟叶烘烤过程中热泵系统将热量传给烤房内空气，烟叶从空气中吸收热量使水分蒸发到空气中，同时烟叶也可能会产生化学反应热，反应热难于计算。如将烤房内烟叶、空气作为一个整体，以烤房维护结构为边界，该整体与外界环境之间的传热传质过程就变得简单了。从宏观角度，以烤房维护结构为边界，通过烤房与外界环境的热量和质量平衡计算，得出烟叶烘烤过程中热负荷及其变化规律。

设 L_1、L_2 为进入烤房和排出烤房湿空气质量流量，kg/h（干空气）；D_1、D_2 为进入烤房的新风和排出烤房的湿空气的含湿量，kg/kg。t_1、t_2 为进入烤房的新风和排出烤房的湿空气的温度，℃；R_1、R_2 为进入烤房的新风和排出烤房的湿空气的焓值，kJ/kg；G_1、G_2 为烘烤前鲜烟叶和烘烤后干烟叶的质量，kg；X_1、X_2 为烘烤前鲜烟叶和烘烤后干烟叶的干基含水量，kg/kg；Q_d 为单位时间热泵加热机组的制热量，kW；Q_k 为单位时间烤房维护结构热损失，kW（图4-1）。

二、烟叶烘烤理论需热量

水分蒸发需要一定热量，不同温度下水分的汽化热量是不同的，它随着蒸发温度的升高而减少。烟叶脱水干燥中，一定温度下水分汽化蒸发需要热量的值也是恒定的，因此烘烤全过程排除单位质量水分有一个平均需热量，称为排水理论需热量。它是进行烘烤热学计算的重要参数。

国外对烟叶烘烤的排水理论需热量的研究结果各不相同。日本的研究结

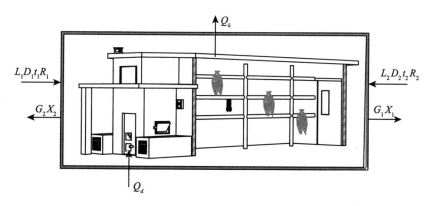

图 4-1　烟叶烘烤的热平衡

果认为，排除 1kg 水分需热量为 2 368.5kJ，美国的研究结果是 2 445.9～2 499.5kJ，苏联的研究结果是 2 466.0～2 478.6kJ。计算的依据：

$$Q_k = \mathrm{Ac} \cdot (tr - ta)/(\delta/\lambda + 1/a) \qquad (4-1)$$

式中：Q_k 为每 s 房顶、围炉和墙体散失的热量，kJ/s；tr 为烤房内温度，℃；Ac 为墙体面积，m²；ta 为外界环境温度，℃；λ 为保温墙体材料热导率，W/（m·℃）；δ 为墙体保温层厚度，m；a 为表面散热系数，W/（m²·℃）。

单位时间内烤烟供热设备需要输出的热量 Q_r（kJ/s）为

$$Q_r = (ip - ikc) \cdot G_q \cdot W_q \cdot W_s - Q_k)/(d_p - d_k) \qquad (4-2)$$

式中：G_q 为烤房内装烟的总量，kg；W_q 为鲜烟叶含水量（W_q），按 90% 计算（即按含水率最大的烟叶计算）；W_s 为烘烤过程大量排湿时，烟叶水分汽化蒸发速度（W_s）；据烟叶烘烤工艺要求和实际测试结果，按 2.0%～2.5%/h 计；ip 为排出的湿热空气的焓（取大排湿 50～55℃，相对湿度 55% 时的值），kJ/kg，查表可得 ip 的取值范围为 50～54kJ/kg；ikc 为补入的新空气的焓（取 27～29℃，相对湿度 55% 时的值），kJ/kg；查表可得 ikc 的取值约 30kJ/kg；d_p 为由排湿口排出的废气的含湿量，kg/kg 干空气。据生产实际测试得到的结果，50℃ 前后为最大排湿时期，排出的热空气温度也在 50℃ 左右，平均相对湿度 55% 左右，$d_p = 0.043～0.046$kg/kg 干空气；d_k 为由补风口进入的冷空气的含湿量，kg/kg 干空气。据各地烤烟季节环境温度在 27～29℃、相对湿度 90% 的情况，$d_k = 0.021～0.029$kg/kg

干空气。

汪廷录、杨清友用热量正平衡法、热量反平衡法和排湿含热量法等三种方法研究了我国烤房烟叶烘烤排水需热的理论值。

排湿含热量法，即在测定烘烤全过程各阶段由排湿口每排除 1kg 水所需要干空气量的基础上，按下式进行计算：

$$Q = 1.93G_k \cdot \Delta d \cdot \Delta t + Q_s + Q_q \qquad (4-3)$$

式中，G_k 为排除 1kg 水分需要空气的量，kg；Δd 为进排气口的含湿量差，g/kg；Δt 为进排气口空气的温度差，g/kg；Q_s 为烘烤全过程随温度升高水在汽化前平均吸热量，kJ；Q_q 为 1kg 水汽化热平均值，kJ/kg。

经计算结果，$Q_1 = 2\,605.4$kJ/kg。

热量正平衡法是在测定烟叶烘烤各阶段失水速度和失水量的基础上，用下式计算：

$$Q = \sum Q_s + \sum Q_y + \sum Q_z + \sum Q_q \qquad (4-4)$$

式中，Q_s 为烟叶水分蒸发前吸热量，由公式 $Q_s = c\Delta t$ 求出；Q_y 为烘烤全过程烟叶升温耗热，kJ；Q_z 为水蒸气升温耗热，kJ；Q_q 为烘烤全过程水分平均汽化热，kJ/kg。

经计算，$Q = 2\,576.1$kJ/kg。

热量反平衡法是在测定烘烤设备包括火炉等各项热损失，得出热量有效利用率的基础上，进行计算，得 $Q = 2\,603.8$kJ/kg。

三种方法的测算结果，烘烤中每排除 1kg 烟叶水分的平均理论需热量差异不大，是一个在一定范围内相对稳定的常数。不过，在不同生态条件和质量烟叶间，这个数值将有差异。初步为，我国烟叶排水需热常数为 $2\,576.1 \sim 2\,605.4$kJ/kg水，平均为 $2\,590$kJ/kg 水。

生产实际中，可根据热能消耗量、烟叶水分排除量及排水理论需热量评价烤房的热效率。

第二节　烤房的热量平衡测算

烤房在整个烟叶烘烤过程中热量处于动态平衡状态。热量的供给包括：

鲜烟叶和烟具带入物理热，燃料带入物理和化学热，助燃空气和对流空气带入物理热，烟叶呼吸放热，太阳辐射热。热量消耗包括：干烟叶（包括其中水分）和烟具带出物理热，灰渣和排烟带走物理热，机械不完全燃烧和挥发分不完全燃烧热损失、烟叶水分汽化及排出湿热空气；烤房散热及蓄热热损失等（图 4-2）。

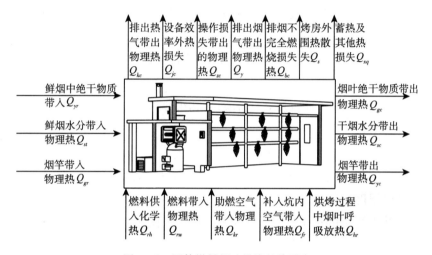

图 4-2 固体燃料烟叶烘烤的热平衡

一、输入烤房热量

供给烤房最主要的热量来自燃料燃烧释放的化学热，其次是烘烤工作介质带入热和燃料燃烧必需的助燃空气带入热，再次是烟叶在烘烤中呼吸放热。

（1）Q_{rh} 为燃料带入化学热，由燃料的实际消耗量和燃料的低位发热值直接求得，占总热量 50%～70%。

（2）Q_{rw} 为燃料带入物理热，由燃料实用量、燃料比热、入炉温度求得。

（3）助燃空气带入物理热 Q_{kr}，占总热量的 2%～3%，可根据公式进行计算。

$$Q_{kr} = \alpha \cdot V^0 \cdot C_k \cdot t_k \cdot G_k \qquad (4-5)$$

式中，α 为排烟过剩空气系数，可取 1.5～3.0；V^0 为燃料燃烧理论空气量，查表求得；C_k 为助燃空气温度，℃；G_k 为燃料消耗量，kg。

（4）Q_{yr} 为鲜烟中绝干物质带入热，依公式（4-6）计算。

$$Q_{yr} = C_y \cdot G_{yr}(1 - W_q)t_{yr} \qquad (4-6)$$

式中，C_y 为干烟叶比热，为 1.755 6kJ/（kg·℃）；G_{yr} 为烤房内鲜烟质量，kg；W_q 为鲜烟含水率，%；t_{yr} 为鲜烟装入烤房时的温度，℃。

（5）Q_{sr} 为鲜烟叶中水分带入热量，按下式计算。

$$Q_{sr} = C_s \cdot G_{yr} \cdot W_q/100t_{yr} \qquad (4-7)$$

式中，C_s 为水的比热，取 C_s=4.18kJ/（kg·℃）。

（6）烟叶呼吸放热 Q_{hr}，可按每 1kg 鲜烟叶放热 2 080kJ 计，占总热量 5%~6%。

（7）烟具带入物理热 Q_{gr}，包括烟竿和绑烟绳带入的物理热，可按简单的热量公式求得

$$Q_{gr} = C_g \cdot G_g t_{gr} \qquad (4-8)$$

式中，C_g 为烟竿的比热，kJ/（kg·℃）；G_g 为烟竿的质量，kg；t_{gr} 为烟竿入烤房温度，℃。

（8）补入烤房的冷空气带入的热量 Q_{fr}，根据蒸发烟叶总水分 G_z 需要进入烤房的总空气量 G_g 和冷空气的焓 i_k 计算。

$$Q_{fr} = G_g i_k \qquad (4-9)$$

其中，

$$G_g = 1\,000G_z/(d_p - d_k) \qquad (4-10)$$

式中，d_p 为排出湿空气的含水量，g/kg 干空气；d_k 为进入烤房冷空气的含水量，g/kg 干空气；G_z 为烟叶水分总蒸发量，kg。

$$G_z = G_{yr} \cdot W_q - G_{yx} \cdot W_{yx} \qquad (4-11)$$

式中，G_{yr} 为烤房内鲜烟质量，kg；G_{yx} 为烤干后烟叶质量，kg；W_{yx} 为烤干后烟叶含水率，为 5%~8%。

二、烤房输出热量

烟叶烘烤过程的热量消耗以由排气口带出物理热量多，常在 50%~75%，其次是散热损失、烟囱排烟的物理热、漏失热和蓄热损失等。

（1）绝干烟叶带出物理热 Q_{yx} 为

$$Q_{yx} = C_y \cdot G_{yx} \cdot (1 - W_{yx}) \cdot t_{yx} \qquad (4-12)$$

式中，t_{yx} 为烟叶烘烤最高温度，℃。

（2）干烟叶水分带出物理热 Q_{sc} 为

$$Q_{sc} = C_s \cdot G_{yc} \cdot W_{yc} \, t_{yx} \qquad (4-13)$$

（3）烟具带出物理热 Q_{gc} 为

$$Q_{gc} = C_g \cdot G_g \, t_{yx} \qquad (4-14)$$

（4）排湿热空气带出物理热 Q_{kc} 为

$$Q_{kc} = G_g i_p \qquad (4-15)$$

（5）机械不完全燃烧损失 Q_{Jc} 需根据煤灰分含量和灰渣碳含量分析计算。

$$Q_{Jc} = (G_{fh} \cdot C_{fh} + G_{fz} \cdot C_{fz}) \times 327.3 \qquad (4-16)$$

式中，G_{fz} 为炉渣质量，实测千克数；C_{fh} 为飞灰含碳量，%；C_{fz} 为炉渣含碳量，%；G_{fh} 为飞灰质量，kg。G_{fh} 可按下式计算。

$$G_{fh} = [G_r \cdot A - G_{fz} \cdot (1 - C_{fz})]/(100 - C_{fh})$$

（6）炉渣带出物理热 G_{zc}，由灰渣焓值和灰渣温度直接求出。

$$Q_{zc} = G_{Lz} \cdot (C_{Lz} \cdot t_{Lz}) \qquad (4-17)$$

（7）化学不完全燃烧损失 Q_{tx} 由经验公式求得。

$$Q_{tx} = 126.24 C_o \cdot V_g \cdot G_r[1 - Q_J/(Q_{rh} + Q_{rw})] \qquad (4-18)$$

（8）排烟带出物理热 Q_y 的计算较复杂，可按下式求得。

$$Q_y = G_r \cdot I_y[1 - Q_J/(Q_{rh} + Q_{rw})] \qquad (4-19)$$

式中，I_y 为排烟焓值。它与排出烟气温度、烟气成分、飞灰比例等有关，因为不同温度下各种成分的焓都是不同的。通过对烤房的测试和计算结果，I_y 为 3 000～4 000kJ/kg。

（9）烤房外壁散热损失 Q_s 为

$$Q_s = \alpha_s \cdot F_s \cdot (t_q - t_h) \cdot \tau_s \qquad (4-20)$$

式中，α_s 为外壁放热系数，取 $\alpha_s = 30\sim40kJ/$（$m^2 \cdot h \cdot ℃$）；t_q 为外壁温度，℃，实测；t_h 为环境温度，℃，实测；F_s 为散热面积，m^2，实测；τ_s 为散热时间，h，实测。

（10）蓄热及其他热损失 Q_{xq}，包括地面传热蓄热、烘烤完成后的各种散失热等。属上述各项测试范围以外的热量损失。即

$$Q_{xq} = Q_r - (Q_{Jc} + Q_{sc} + Q_{gc} + Q_{kc} + Q_J + Q_v + Q_{Lc} + Q_{tx} + Q_s)$$

$$(4-21)$$

三、热量平衡

烟叶烘烤过程中，烤房供给热量 Q_r，即各种物理热和化学热的总和，必须和输出热 Q_c，即各项热量消耗与损失的总和是相等的。且

$$Q_r = Q_{rh} + Q_{rw} + Q_{kr} + Q_{yr} + Q_{sr} + Q_{hr} + Q_{gr} + Q_{fr} \qquad (4-22)$$

$$Q_c = Q_{yc} + Q_{sc} + Q_{gc} + Q_{kc} + Q_{Jc} + Q_{zc} + Q_y + Q_{lx} + Q_s + Q_{xq} \qquad (4-23)$$

式中的各项输入和输出，均可通过测试、查表和计算得出。不同部位和含水率的烟叶，以及烘烤中干燥速度、烘烤时间差异，导致烘烤热量消耗不同（表 4-1）。而且，烘烤过程的不同阶段和温度，热量消耗也不相同。

表 4-1 不同部位烟叶烘烤热量消耗

部位	干燥率 (%)	烘烤时间 (h)	1kg 鲜烟所耗热量（kJ）	1kg 干烟所需热量（kJ）
下部叶	9.46	143	5 757	60 876
中部叶	13.27	159	7 280	54 952
上部叶	13.27	169	7 892	49 032

第三节 烤房热效率

烤房系统热效率是衡量烤房整套设备及烘烤的各项操作是否有利于热能利用的一项重要指标，常用 η 表示。

$$\eta = \frac{Q_{yx}}{Q_{gg}} \times 100\% \qquad (4-24)$$

式中，Q_{yx} 为有效能量，kJ；Q_{gg} 为供给能量，kJ。由 $Q_{gg} = G_{pm}Q_{n,ar}$ 求出。

Q_{yx} 可以按焓、湿差法计算。即以进入到排出烤房空气介质焓的变化为计算有效热的依据。

$$Q_{yx} = \frac{i_p - i_k}{d_p - d_k} G_g - 500 G_q \qquad (4-25)$$

式中，d_p、d_k 为排出和进入烤房空气的含水量，kg/kg 干空气；i_p、i_k

为排出和进入烤房空气的焓，kJ/kg；G_g 为烟叶经烘烤过程的总脱水量，kg；G_q 为烤房内鲜烟装载量，kg。

近似地也可按排除烟叶 1kg 水理论耗热量为 2 590kJ 的热（实际为 2 576.1～2 605.4kJ）计算

$$\eta = \frac{2\ 590G_g}{G_{pm}Q_{n,ar}} \times 100 \qquad (4-26)$$

式中，G_{pm} 为实际燃料耗量，kg；$Q_{n,ar}$ 为实际生物质燃料的低位发热量，kJ/kg；G_g 为烘烤过程烟叶总脱水量，kg。

烤房的最大耗热量与烟叶水分蒸发最大耗热量及各种热损失的总和是处于热平衡状态的，因此，火炉最大供热量 Q_{gr} 表示为：

$$Q_{gr} = \frac{i_p - i_{kc}}{d_p - d_k}G_q.W_q \cdot W_s/\eta \qquad (4-27)$$

这样，式中 i_p、i_{kc}、d_p、d_k 可以由 i-d 图查知，烤房的鲜烟装载量 G_q、鲜烟水分含量 W_q 都是已知的，W_s 按通常烤烟中烟叶最大失水速度（2.0～2.5）%/h 计算，即可求得火炉的最大供热量。

因此，烤房单位时间的最大耗煤量（G_{pm}）是：

$$G_{pm} = \frac{Q_{gr}}{Q_{n,ar}} \qquad (4-28)$$

式中，$Q_{n,ar}$ 为燃料的低位发热量，kJ/（kg·h）。

第四节　各类烤房供热设备的设计与计算

为保证烟叶的色泽、有效成分含量等，在烤烟各阶段对烤烟房的室内热湿环境均有严格的要求。现国内一般采用三段式烘烤工艺。三段式烘烤工艺是在长期生产实践和技术发展过程中总结得到的优化和简化的烘烤工艺，将烘烤条件量化，以确保烟叶内部生理生化反应与外观变化同步协调。

在进行普通、普改密和密集烤房加热设备设计计算时，可以根据前面的相关公式计算各项参数，但所采用的参数必须参考试验检测结果。

一、火炉的最大燃料耗量

根据对设计烤房的烘烤能力进行热量衡算后即可求得烤房单位时间的最

大需热量（即火炉最大供热量），之后计算烤房单位时间的最大耗煤量（G_{pm}）。表 4 - 2 列出了目前生产中常见的各类烤房供热量参考值。

表 4 - 2　烤房供热量参考表

烤房容量（kg）	烘烤能力（hm²）	供热量（kJ/h）
800 左右	0.33	85 960
1 500 左右	0.67	155 200
2 500 左右	1 左右	251 000
3 000～3 500	1.33 左右	293 000～334 000
4 500～5 000	1.67～2	418 000

二、进料系统计算方法

在控制烧火方面，需要时刻保持烤房内的实际温度与目标温度吻合，减少掉温和急剧升温现象。结合烟叶排湿的热量需求，其进料系统的上料动力电机需要的转速 N（r/h）：

$$N = m_b/(47 \cdot \rho \cdot \psi \cdot s \cdot c \cdot D_s^2) \qquad (4-29)$$

式中，ρ 是生物质物料的堆积密度，kg/m³；ψ 是填充系数，考虑小螺旋叶片存在隔断和颗粒燃料在传送中有少量磨损，取 0.31；s 是螺距，m；c 是倾斜系数，本研究角度为水平输送，$c=1$；D_s 是螺旋大叶片送料的直径，m。

参照表 4 - 2，计算得出不同烘烤阶段的 Q_1，进而得出烟叶变黄期、定色期和干筋期的最小和最大转速 N_{min} 和 N_{max}。进而根据烟叶烘烤需热的要求，人为地在烟叶烘烤的不同时期在 N_{min}～N_{max} 之间设置五个挡位，采用电机变速和传动装置控制燃料供给量。

为了更为准确控制烘烤过程中的热量供给，结合表 4 - 1 的供热量，设置 5 个挡位的转速，如国家烟草专卖局推广的密集烤房在 Q_{min}～Q_{max} 之间设置五个挡位分别为 1.24kg/h、4.03kg/h、6.81kg/h、9.60kg/h、12.38kg/h，大小绞龙转一圈大约 30g/圈，五个挡位的转速分别是：一挡位 41.33 圈/h，二挡位 134.17 圈/h，三挡位 227 圈/h，四挡位 319.83 圈/h，五挡位 412.67 圈/h。

三、助燃风机的供氧量计算及输出控制

生物质燃料分子式为 $C_xH_yS_zO_wN_n$，其中氮氧化合物生成量太少，可以考虑在燃烧时转化为 N_2。通过化学检测的出 x、y、z 和 w 的值，其燃烧方程式为：

$$C_xH_yS_zO_w+(x+y/4+z-w/2)O_2+3.78(x+y/4+z-w/2)N_2=xCO_2+$$

$$y/2H_2O+zSO_2+3.78(x+y/4+z-w/2)N_2+Q_{放热} \qquad (4-30)$$

通常指温度为 0℃ 和压强为 101.325kPa 的情况下，1mol 任何气体体积都约为 22.4L，氧气的体积在干空气中占 21%，1kg 燃料完全燃烧所需要的理论空气量为 $V_L(Nm^3/kg)$ 为：

$$V_L=22.4\times4.78(x+y/4+z-w/2)/(12x+1.008y+32z+16w)$$

$$(4-31)$$

采用的生物质颗粒燃料与泥煤、褐煤各元素含量相近，可知燃烧机的过量空气系数 α 在 $1.3\sim1.4$ 之间。将 α 代入式（4-32）中，即可求出实际空气需要量：

$$V_s=\alpha\cdot m_b\cdot V_L \qquad (4-32)$$

采用助燃的离心风机在变工况点时的性能参数换算：

$$\frac{V_s}{V_{sn}}=\left(\frac{D_2}{D_{2m}}\right)^3\cdot\frac{A}{A_m} \qquad (4-33)$$

$$\frac{P_2}{P_{2m}}=\frac{\rho_2}{\rho_{2m}}\cdot\left(\frac{D_2}{D_{2m}}\right)^5\cdot\left(\frac{A}{A_m}\right)^3 \qquad (4-34)$$

式中，V_s、P_2、D_2、A 和 ρ_2 分别表示助燃风机的风量（Nm^3/kg）、功率（$kW\cdot h$）、叶轮外径（m）、转速（r/h）和助燃空气的密度（kg/m^3），下标 m 表示选配风机的参数。对于同一台风机，当 $D_2=D_{2m}$ 和 $\rho_2=\rho_{2m}$ 时，通过已知的 V_s 参数分别计算出 A 和 P_2。

为了在烟叶烘烤供热过程中提高助燃空气供给量与燃料供给量的匹配度，实现所需风量 V_s 的定额输出，通过变化功率 P_2 的方法控制风机叶轮转速 A。对选配的助燃风机分别设置 A_{Nmin}、A_{N2}、A_{N3}、A_{N4} 和 A_{Nmax} 转速挡位，配对于燃料供应电机的 F_{Nmin}、F_{N2}、F_{N3}、F_{N4} 和 F_{Nmax} 转速挡位，满足定量的燃料充分燃烧。在生物质燃料燃烧时，控制 $F_x\Leftrightarrow A_x$ 转速挡位的输出信号

同步。

同样，通过改变进气风机频率调整设备的空气进给量，得出排烟处过剩空气系数（αpy，为 1kg 原料燃烧实际空气量与 1kg 原料燃烧理论空气量之比）与生成 SO_2、NO_x 及烟尘排放浓度之间的关系，并参照《工业锅炉热工性能试验规程》（GB/T 10180—2003）计算不同过剩空气系数下锅炉的热损失，也可以最后确定本设备合适的空气过剩系数。最后计算配套上料动力电机往炉膛内生物质燃料的供给量，配套助燃风机的转速，经过综合测试，最终选择 130FLJ5 型号 220V 离心风机，最大供风量为 17.24Nm³/min。

四、燃烧机料斗大小的设计

生物质颗粒的直径采用国家烟草专卖局 2018 年规定的 40mm，存在固定的堆积密度 ρ（kg/m³）。考虑生物质在料斗内的间隙，且一次填料至少供应 5～6h 燃烧时间，通过以上计算可知，最大耗热时间是烟叶排湿最多的定色期，每小时用料在 24.73kg，5～6h 填料一次，则需料斗容量至少要在 $m_{max} = 148.38$kg，所需要的料斗的容积为 V_c（m³）：

$$V_c = \rho \cdot m_{max} \qquad (4-35)$$

在实际料斗容积生产中一般超过理论值的 20% 左右。

五、炉膛有效容积的规划

为了降低设备生产的制造成本，本研究采用的生物质炉膛结构为铲型外观设计。根据燃烧学规律炉膛的容积 V_L

$$V_L = Q_{gr}/R_L \qquad (4-36)$$

式中，V_L 为炉膛容积，m³；Q_{gr} 为烤房最大供热量，kJ/h；R_L 为炉膛可见容积热负荷，即燃烧室强度，参照褐煤的燃烧强度，可取 $R = 1.046 \times 10^6 \sim 1.463 \times 10^6$ kJ/m³·h。由于研究的外置式生物质燃烧机要通过原有燃煤添加口插入到燃煤炉膛内燃烧供热，在炉膛的横截面积上要略小于燃煤添加口的尺寸（宽×高＝400mm×280mm），因此，通过上述公式可以得出生物质燃料炉膛的长宽高尺寸。

六、换热器

散热器热面积常用下式计算求得

$$F_g = \frac{Q_{gr}}{k_{gt}} \qquad (4-37)$$

式中，k_{gt} 为烟管传热系数。常用铁质的火管传热系数为 $k_{gt}=41.9\text{kJ}/$ $(\text{m}\cdot{℃})$。

据国内外有关资料及实验结果，金属材料散热器面积可以简单地按照装烟室面积计算。每 1m^2 装烟室应有 0.47m^2 的散热面积（包括火炉部分）能够满足烘烤需要。近几年，生产中成功试验示范的特制非金属材料换热器，其传热性能低于金属散热器。在设计和实际修建过程中，必须考虑 3 个方面：①尽可能减小火管厚度；②增加密度和耐热疲劳性；③增加散热面积（增加火管长度或截面积）。一般火管厚度控制在 $10\sim20\text{mm}$，截面圆形的直径（内径）为 $150\sim250\text{mm}$，散热面积要适当增大 $20\%\sim30\%$，通常横向分 3 层排列，否则供热不足。同时，这些换热器的体积明显比金属材料大，所以还必须考虑风机电机的功率和风量风压，特别是安装位置，以尽可能减小空气阻力。

参 考 文 献

国家烟草专卖局.2009.密集烤房技术规范（试行）修订版 [S].

李有志，郭俊先，张丽，等.2016.4FY-0.8B 型移动式生物质固化成型车螺旋输送系统的改进设计与仿真分析 [J]. 中国农机化学报，37 (12)：131-135.

王茜.2017.秸秆成型燃料提质及清洁燃烧特性研究 [D]. 济南：山东大学.

张立奎.1996.离心风机在选择和变工况点时的性能参数换算 [J]. 化工装备技术，17 (4)：16-20.

Wang J A，Zhang Q，Wei Y W，et al.2019. Integrated furnace for combustion/gasification of biomass fuel for tobacco curing [J]. Waste and Biomass Valorization，10 (7)：2037-2044.

第五章　密集烤房通风排湿系统衡算

第一节　烤房内流动的空气（i-d）焓数变化

烟叶烘烤过程空气的流动存在外循环和内循环。内循环为烟叶在不排湿的条件进行烘烤；而外循环在烟叶排湿的情况下发生，即外界低温低湿的空气通过冷风门或冷风洞进入到烤房内部，在机械压力或空气学动力的作用下，烤房内高温的含湿空气从装烟室排到外界。

一、外循环空气焓数变化

烤烟过程中空气的状态变化过程如下：烟叶进行热—湿交换后一部分风量的湿气从排湿口或天窗排出，分流后的另一部分气体与烤房外风量（新风）混合成为混合气体与生物质炉膛和散热器进行热交换，形成高温低湿的气体进入到装烟室内与烟叶发生热交换，交换后的气体变成低温高湿气体排出。

空气在烤房内经历的状态变化如图 5-1，a 为烤房新风状态点；b 为与烟叶经过热湿交换后的气体状态点；c 为经过循环风机或空气动力流动混合后的气体状态点；d（或 e）为经过与热交换器发生热交换后的状态点；a+b→c 为新风和烤房内热气混合过程；c-d（或 c-e）为混合的气体在热交换器等湿加热过程；e-b（d-b）为高温的气体与烟叶的热湿交换过程。状态 a 点的新风与状态 b 点的旁通空气在循环风机出口混合成为状态 c 点空气，然后经过换热器加热后变为状态 e 点（等焓过程）或状态 d 点（等温过程），接着和烟叶进行等焓（或等温的热气交换变成状态 b 点）的过程。由此可见，c-e-b 是一条等焓线，c-d-b 是一个等温线。

二、内循环空气焓数变化

烟叶烘烤过程中不与外界发生气体交换，空气在烤房内经历的状态变化

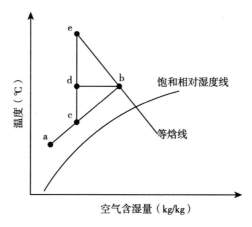

图 5-1　外循环条件烤房内气体状态变化

如图 5-2，h 为烤房最后一次所进新风状态点；m 为经过循环风机或空气动力流动混合后气体的状态点；s 为经过与热交换器发生热交换后的状态点；r 为烟叶经过热湿交换后的气体状态点。由此可见，m-s 为内循环的气体在热交换器等湿加热过程的一条等湿线；m-s-r 是一条等焓线。

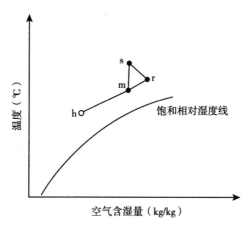

图 5-2　内循环条件烤房内气体状态变化

第二节　烘烤过程中烤房的通风排湿

强制通风烤房与普通非强制通风烤房最重要的区别就在于通风。这就决定了它的热交换过程和设备、通风排湿相关设备的设置和规格要求与普通烤房有较大差异。

一、烤房完全内循环阶段的通风及热交换方式

在烘烤过程的变黄前、中期或干筋后期，排湿后冷风门处于关闭状态下的某一阶段，密集烤房处于密闭状态下，既无新鲜冷空气进入也不排气，这种状态与一种称为多级加热干燥设备相类似。设被加热的烟叶所能容许的温度为 t_h，室外冷空气为状态 A（t_0、d_0），经密集式烤房加热室第一次加热后，成为状态 B（t_h、d_0），若不考虑烤房维护结构和漏气造成的热损失，状态 B 的热空气进入装烟室内就可看成绝热过程，当它通过烟层时，吸收了由烟叶蒸发出来的水分而含湿量增加，温度降低，变为状态 C（t_1、d_1）。状态 C 的空气完全内循环流经密集式烤房加热室（相当于多级加热干燥设备的第二级加热）后成为状态 D（t_h、d_1），后流经装烟室的烟层又一次吸收了由烟叶蒸发出来的水分而成为状态 E（t_2、d_2）。如此往复循环，直至达到所要求的状态点 G（t_n、d_n）为止。如果为了保持这种状态，就可以不再加热，或者供应的热量仅仅用以补偿维护结构或漏气等造成的热损失（图5-3）。

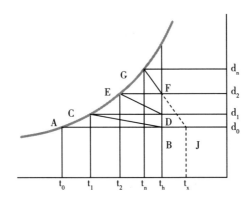

图5-3 密集式烤房完全内循环的操作过程线

这种热风循环或者多级加热器进行的操作过程，可以保证加热的最高温度控制在 t_h，而含湿量则可由 d_0 增加到 d_n。如果采用单向送风的自然通风烤房时，为了使 d_0 增加到 d_n，由于只进行一次加热，就要将室外冷空气一次加热到状态 j，这就使 t_x 超过了烟叶所能允许的温度。这是密集式烤房在

理论上的一大优点。

简言之，在完全内循环阶段湿热空气的变化状态主要以两种方式交替进行：第一，湿热空气由回风口吸入加热室后，在流经加热室被加热器加热的过程中温度不断升高，但是空气中的绝对含湿量不变，遵循空气等湿加热过程的变化规律；第二，湿热空气经加热器加热后温度升高，绝对含湿量保持不变，但相对湿度下降，吸收水分的能力增强，这样当湿热空气由加热室的送风口送入装烟室的过程中，势必吸收由烟叶蒸发出来水分而使其含湿量增加，温度下降，如不考虑维护结构的热量消耗，则可以近似看成是空气的等热加湿降温过程。

二、烤房排湿（部分内循环）阶段的通风及热交换方式

密集烤房在烤烟运行过程中，多数时间内既有外界冷空气进入和部分湿热空气从烤房排出的外循环，也有湿热空气在烤房内部的内循环（图 5 - 4）。冷空气由冷风口进入后，首先与装烟室循环出来的湿热空气混合，然后经加热器加热，再流经烟层释放热量并携带烟叶水分，含湿量增加，温度下降，部分湿热空气由排湿口排出，另一部分又被吸入加热室再与冷空气混合。如此往复循环，逐步把烟叶中的水分排出。

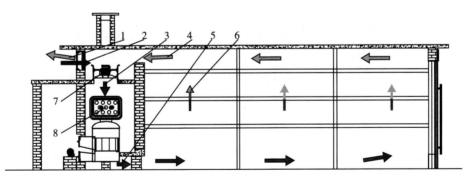

图 5 - 4　密集式烤房排湿阶段通风及热交换示意图

1. 排除烤房外的湿热空气　2. 外界冷空气　3. 2 和 4 经过循环风机混合后的空气　4. 回流的低温热空气　5. 供热设备加热后的高温热空气　6. 穿过烟层后低温热空气　7. 循环风机　8. 供热设备

烘烤过程的变黄后期、定色期和干筋前期，或是冷风门处于某一开启阶段，密集烤房处于半开放和排湿状态。循环空气经过烟层后一部分进行内循

环，另一部分则排出烤房，同时进入等
量的室外新鲜冷空气。设室外冷空气的
状态为 A（t_A、d_A），经过烟层后的循环
空气的状态为 D（t_D、d_D），A 与 D 以
（1－G）：G 的比例混合形成状态 B
（t_B、d_B），状态 B 的空气经加热室加热
至状态 C（t_C、$d_C = d_B$），然后流经装烟
室，吸收了从烟叶蒸发出来的水分后又
形成状态 D。操作过程线如图 5－5。把
密集烤房热风循环操作过程线与单向送
风自然通风烘烤操作过程线相比较可以
看出，单向送风的普通烤房每次都要将

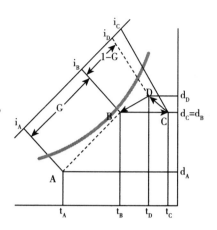

图 5－5　密集式烤房在排湿
　　　　阶段的操作过程线

室外冷空气状态加热至状态 C，而热风循环的每次只需由状态 B 加热至状态
C，因而每次加热所需热量较小。这是具有热风功能的循环密集式烤房热能
得以循环利用的理论基础。

三、烤房空气进入量和排放量衡算

鲜烟叶含有的全部水分要在烘烤中依靠烤房内外空气的对流和交换排出
90%以上，因而计算进入烤房的冷空气的量和排出烤房的湿热空气的量，是
设计通风设备的基础。

进入烤房的空气的量，必须能够携带烟叶在烘烤中脱水最快时的水分。
烟叶在烘烤中单位时间内水分最大汽化量用下式表示：

$$S_p = G_q \cdot W_q \cdot W_s \qquad (5-1)$$

式中，S_p 为烟叶水分最大蒸发量，kg/h；G_q 为烤房内装鲜烟叶的数
量，kg；W_q 为鲜烟叶含水量，按 90% 计算（即按含水量最大的烟叶计算）；
W_s 为烘烤中大量排湿时，烟叶水分汽化蒸发速度。根据烟叶烘烤工艺要求
和实际测试结果，按 2.0%～2.5%/h 计算。

单位时间内烟叶水分蒸发量与空气携带水分量相等，处于动态平衡状
态。因此：

$$S_p = G_{gk}(d_p - d_k)$$

即

$$G_{gk} = \frac{S_p}{d_p - d_k} \qquad (5-2)$$

式中，G_{gk} 为进出烤房干空气的量，即蒸发和排除烟叶水分所需要的干空气的量，kg/h；d_p 为由天窗口排出的废气的含湿量（kg/kg 干空气）。根据实际测试结果，50℃前后为最大排湿时期，排出的湿热空气的温度为 50℃左右，平均相对湿度 55％左右，由 i-d 图（图 5-1）可以查得 d_p 为 0.043～0.046kg/kg 干空气。d_k 为由进风口进入烤房的冷空气的含湿量（kg/kg 干空气）。根据各地常年烟叶烘烤季节环境温度 t_k 为 27～32℃，相对湿度 90％条件，由 i-d 图可以查得 d_k 为 0.021～0.029kg/kg 干空气。

在设计和建造烤房进排气设备面积大小时，应按照烘烤季节气候条件比较恶劣，即含湿量 d_k 值较大计算。

在生产实践中，通常以体积测定和表示空气的量，同时，单位时间内烤房中烟叶水分蒸发需要干空气的体积是随着介质容重和比容的变化而变化的，所以，进入和排出烤房空气的量可以改写成下面的形式：

$$G_{gk} = \frac{S_p}{d_p - d_k} = \frac{V_p}{v_p} = \frac{V_k}{v_k} \qquad (5-3)$$

即

$$V_p = G_{gk} v_p \qquad (5-4)$$

$$V_k = G_{gk} v_k \qquad (5-5)$$

或

$$V_p = \frac{S_p}{d_p - d_k} G_q W_q W_s \qquad (5-6)$$

$$V_k = \frac{S_p}{d_p - d_k} G_q \cdot W_q \cdot W_s \qquad (5-7)$$

式中，V_p 为单位时间内排出烤房空气的体积，m³/h；V_k 为单位时间内进入烤房的空气的体积，m³/h；v_p 为排出烤房的空气的比容，m³/kg；v_k 为进入烤房的空气的比容，m³/kg。

v_p、v_k 的值，可以用 $v = 4.55 \times 10^{-6} T (d + 622)$ 求得。根据前面提到的烘烤中的一般参数，$v_p = 0.937$ m³/kg，$v_k = 0.876$ m³/kg。

四、通风排湿口面积计算

密集烤房通风排湿口面积计算原理和过程与普通烤房相同。不同之处在于密集烤房在机械强制通风条件下进风和排湿速度比普通烤房更快。烤房进排气口的面积也要根据进排气口的一般定义计算。即

$$F_J = V_k/3\ 600W_J \qquad (5-8)$$

$$F_P = V_p/3\ 600W_P \qquad (5-9)$$

式中，进风口风速 W_J 和排湿口风速 W_P 为实测结果。密集烤房冷风进风口风速 W_J 通常为 $6.0\sim7.0\text{m/s}$，排湿口风速 W_P 为 $4.5\sim5.0\text{m/s}$。

实例：装烟室 $8\text{m}\times2.7\text{m}$、装烟 3 层的密集烤房，最大的装烟能力的理论值约为 $4\ 800\text{kg}$，若假设鲜烟叶的含水率 87%，其定色阶段的瞬间最大排湿量 S_p 为 $75\sim100\text{kg/h}$。

经计算得，进风口面积 $F_J=0.195\text{m}^2$，排湿口面积 $F_P=0.243\text{m}^2$。

五、烧火拨火管理原则

烤房内烟叶变黄期室温为 $42℃$，根据温度传感器探知烤房内的温度，当温度低于烘烤工艺要求 $1℃$ 时，烤烟控制仪输出三挡位开启进料电机工作，鼓风机同步输出三挡位开始提供助燃空气；当温度低于烘烤工艺要求 $0.5℃$ 时，烤烟控制仪输出二挡位开启进料电机工作，鼓风机同步输出二挡位开始提供助燃空气；当温度等于烘烤工艺要求温度时，烤烟控制仪输出一挡位开启电机工作，鼓风机同步输出一挡位开始提供助燃空气；当温度高于烘烤工艺要求 $0.2℃$ 时，烤烟控制仪同时停止进料和鼓风电机工作。

烤房内烟叶定色期温度为 $42\sim54℃$，当温度低于烘烤工艺要求 $1℃$ 时，烤烟控制仪输出五挡位开启进料电机工作，鼓风机同步输出五挡位开始提供助燃空气；当温度低于烘烤工艺要求 $0.5℃$ 时，烤烟控制仪输出四挡位开启进料电机工作，鼓风机同步输出四挡位开始提供助燃空气；当温度等于烘烤工艺要求温度时，烤烟控制仪输出三挡位开启电机工作，鼓风机同步输出三挡位开始提供助燃空气；当温度高于烘烤工艺要求 $0.2℃$ 时，烤烟控制仪同时停止进料和鼓风电机工作。

烤房内烟叶干筋期温度为 $54\sim68℃$，当温度低于烘烤工艺要求 $1℃$ 时，

烤烟控制仪输出四挡位开启进料电机工作，鼓风机同步输出四挡位开始提供助燃空气；当温度低于烘烤工艺要求 0.5℃时，烤烟控制仪输出三挡位开启进料电机工作，鼓风机同步输出三挡位开始提供助燃空气；当温度等于烘烤工艺要求温度时，烤烟控制仪输出二挡位开启电机工作，鼓风机同步输出二挡位开始提供助燃空气；当温度高于烘烤工艺要求 0.2℃时，烤烟控制仪同时停止进料和鼓风电机工作。

燃烧产生的残渣物料填充系数为 0.25～0.30，物料堆积密度为 0.187t/m³。通过计算，具体的拨火装置每次启动时联系伸缩 3 次，控制分为大、小拨火模式，大拨火模式为拨火棒全部伸出，小拨火模式为拨火棒一半伸出。灰分只有煤的 1/20，根据燃烧炉的容量，具体的控制为生物质燃料点燃后，每累加 15kg 生物质燃料后，小拨火程序启动，再累加 15kg 后大拨火程序启动。启动的依据为进料电机旋转的圈数，也就是每转 500 圈，间隔启动大、小拨火程序。

第六章　生物质能源供热设备的设计与制造

第一节　燃烧气化一体设计与制造

以"烘烤环境、条件调研→初步、详细设计→测试验证→优化设计→定型"为技术路线，通过烟叶产区试验示范，解决了多项关键技术难题。

一、一体机设备的外形结构

针对颗粒直径超过 20mm 的生物质成型燃料和干燥木材段燃料的特性，设计了生物质燃料燃烧/气化一体炉供热设备（图 6-1），主要由固体燃料燃烧和气化区（A）、气化气体燃烧区（B）和散热区（C）构成，炉体规格 1 400mm×910mm×1 850mm（长×宽×高）。为了控制生物质燃料燃烧和气化速度，配套升级了原有 418 号智能控制装置。为了节约劳动用工减少单位时间内添加燃料的次数，在生物质燃料可控制燃烧的情况，适当增加了炉膛装载燃料的容量。与燃煤的直燃式炉膛相比，生物质燃料燃烧/气化一体炉供热设备多一个气化气体的二次燃烧区域。

（一）固体燃料燃烧和气化区

该部分是生物质成型燃料添加、生物质固体燃料燃烧和气化气体燃烧区域，主要由块状或棒状生物质燃料添加口（3、7）、燃料燃烧气化炉体（4）、炉膛进风口（11、14）及清灰装置（9、10、13、15）等构成。生物质固体燃料在这里完成燃烧并产生大量可燃性气体和焦油。

设计的智能控制装置改变原来控制鼓风机的 220V 电压为 36V 弱电连接自控进风闸口（14）的马达。程序地开启或关闭自控进风闸口（14）在 0～45°旋转以控制进风量，为了控制固体生物质燃料的燃烧和气化速率，根据烤房内实际温度和目标温度的差异，可以进一步精确到其角度的大小。当自控进风闸口（14）不能满足固体燃烧气化燃烧的空气需求量时，可以手动打

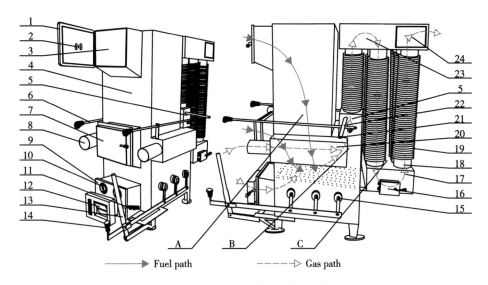

图 6-1 生物质燃料供热设备的结构图

A. 固体燃料燃烧和气化区 B. 气化气体燃烧区 C. 散热区

1. 燃料观火口 2. 燃料上添加炉门 3. 燃料上添加入口 4. 燃料燃烧气化炉体 5. 气体燃烧室 6. 压火拉手 7. 燃料下添加炉门 8. 助燃气体进风口 9. 小量清灰手柄 10. 大量清灰手柄 11. 手动进风闸口 12. 旋转补风口盖板 13. 卸灰门 14. 自控进风闸口 15. 清灰联动轴承 16. 散热下箱体 17. 散热器清灰门 18. 散热管 19. 散热器翅片 20. 助燃气体进风道 21. 气化气体燃烧观火口 22. 气化气体燃烧观火管 23. 散热上箱体 24. 烟气出口对接口

开旋转补风口盖板（12），空气会自动从手动进风闸口（11）的空隙进入到燃烧的炉膛内进行补充。

（二）散热区域

主要功能是在烤房循环风机的作用下与烤房内空气发生热交换，散失固体燃料和气化气体燃烧产生的热量，提供烟叶烘烤使用。主要由箱体结构（5、16、23）、散热管道（18、19）和燃料燃烧气化炉体（4）外壁等组成。为了拖延炉膛燃料燃烧产生的高温气体进入大气的时间，钢质火管的排布垂直地面呈现倒 S 形分布，尽量充分地把高温气体中的热量通过循环风机洗刷而散失到加热室内，然后再循环到装烟室内提供给烟叶烘烤使用。

（三）气化气体燃烧区

位于生物质供热设备的腰部中间位置（图 6-2），是固体燃料燃烧和气化区产生的气化气体燃烧区域，主要由气化气体燃烧口（5-3）、压火板

（5-2）、助燃空气进风（8、20、5-4、5-5、5-6）和气化气体燃烧观火口（21）等组成。这个区域的气化气体来自于固体燃料燃烧和气化室。助燃空气在助燃空气预热通道（5-6）内经过固体燃料燃烧区的高温区域时预热并形成高温气体，与固体燃料燃烧和气化区（A）产生的高温可燃气体在通过气化气体燃烧口（5-3）时相遇自动燃烧，产生的热量和尾气通过散热管道散热后排出烟囱。

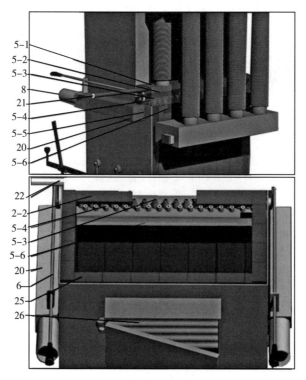

图6-2　炉膛二次燃烧区示意图

上：右侧面　下：前俯视

5-1. 气体燃烧室外壁　5-2. 压火板　5-3. 气化气体燃烧口　5-4. 助燃空气出口

5-5. 助燃气体进风内口　5-6. 助燃空气预热通道　25. 耐火材料炉衬　26. 炉箅

　　在燃料燃烧供热的过程中，固体燃料燃烧和气化供热是通过智能控制装置来实现的；固体燃料高温气化产生的气化气体的燃烧是通过手动进行控制的，具体的控制流程如下：当在烟叶烘烤过程中需要少量的热量时，气化气体燃烧口（5-3）可以通过炉膛两边的两个压火拉手（6）联动压火板

（5-2）被封压而失去燃烧气化气体的功能，少量产生的气化气体在中间的气化气体燃烧口（5-3）处燃烧，达到控制气体燃烧提供热量的目的。进一步地根据热量的需求，联动压火板（5-2）可以在人为的调控下通过拉动两个压火拉手（6）进行0～90°旋转，从而可以结合烤房内的温度需求有效控制气化气体在气体燃烧室（5）内的燃烧。

二、供热设备的操作流程

待烟叶装满装烟室后，关闭烤房门窗；开启卸灰门（13），通过燃料下添加入口（7）添加少量燃料（比如20kg），引燃加热炉腔；待燃料稳定燃烧后，开启智能控制装置，关闭卸灰门（13），烤房加热室内的循环风机会自动打开，根据烟叶对热量要求，生物质智能控制装置通过控制自控进风闸口（14）开启或关闭实现助燃空气的供给。之后直到烘烤结束，全程依靠人工从燃料上添加入口（3）添加燃料，每次燃料添加的最大量为120～150kg，添加燃料完成后立即关闭燃料的添加入口（3和7）。

在烟叶的整个烘烤过程中，烤烟智能控制装置在烘烤人员设定的烘烤工艺曲线下，根据烟叶对热量的需求，自动地控制生物质燃料固体燃烧和气化的速率。由于生物质固体燃料在一定高温条件下气化气体的产生存在一定的连续性，具体到某一段时间的控制是通过燃烧/气化一体炉供热设备两边的两个压火拉手（6），控制燃烧口（5-3）气化气体的燃烧速率。固体燃料和气化气体的燃烧会加热炉体和散热器，在密集烤房热风室循环风机的驱动下，从装烟室流入到热风室内较低温度的热空气，通过和散热器、炉膛进行强制的热交换，变成较高温度的热风再次流动到装烟室，为烟叶烘烤提供热量。

三、设备制造的材料及规格

表6-1显示生物质燃料燃烧/气化一体炉供热设备的加工材料和尺寸。用耐腐蚀性强的金属制作，由分体设计加工的换热器和炉体两部分组成。两部分对接的烟气管道与支撑架均采用无缝焊接。换热器采用4-3-4自左至右三列11根换热管纵列结构，全部11根翅片管。炉体由方形炉顶、方形炉壁和方形炉底焊接而成。炉顶与炉壁、炉底采用对接满焊方式。金属外表面均采用耐500℃以上高温、抗氧化、附着力强的环保材料进行防腐处理。配

置的进风门、压火拉手、清灰手柄和清灰联动轴承等符合 JB/T 7273.3 标准。炉算采用铸铁材料，炉膛内衬采用耐火材料。

表6-1   主要构件的材质及规格

构件	零部件名称	外形尺寸 （mm）	材料厚度 （mm）	材质
炉膛	上半部分	850×910×800	4	Q235 A 钢材
	下半部分	1 050×910×1 050	4	06Cr25Ni20 钢材
二次燃烧室	二次助燃通道	140×950×140	3	06Cr25Ni20 钢材
	二次燃烧室外壁	150×910×200	4	06Cr25Ni20 钢材
	助燃空气预热通道	—	5	耐热铸铁 RTCr16
散热器	火管	133（φ）× 700 或 133（φ）× 1 100	3 or 4	12Cr17Mn6Ni5N 钢材
	上火箱	500×910×150	3	12Cr17Mn6Ni5N 钢材
	下火箱	320×910×150	3	12Cr17Mn6Ni5N 钢材
	散热翅片	—	0.5	Q235 钢材

注：外形尺寸为长×宽×高或直径×长度。

第二节   生产实践测试

使用国家烟草专卖局 418 号气流下降式密集烤房，经年干燥的烟秆经过粉碎后制成生物质成型燃料，燃料的直径为 32mm，长度为 50mm 左右，采用干燥的青榨槭（*Acer davidii* Franch）木材（直径 6～10cm）通过自动木材截断机截成 8～12cm 长的小段。

一、供热设备供热时温度分布状况

在密集烤房的加热室外、无风的条件下，生物质燃烧/气化一体炉在燃料稳定燃烧时，网格化检测设备侧面温度结果如图 6-3。该供热设备剖面呈现连续温度变化空间分布，存在 2 个最高温区域，分别出现在固体碳燃烧区域和气化气体燃烧区域，受加热助燃空气预热通道内助燃空气的影响，在 2 个高温区域之间出现一个亚高温区域。连接气体燃烧室一组 4 根散热器管道散热负荷较重，并处在最高温区域，因此应严格规范其部位的选材和焊接工艺。炉膛的燃料上添加炉门以上温度较低，为了降低设备重量和利于散热，可以降低或减少耐火内衬材料的使用。在没有使用循环风机强制吹风散热的情况下，仅仅靠自然散热。供热设备尾部对接烟囱口的温度在 200℃ 左右，说明本研究所设计的生物质燃料的供热设备的散热效果较好。

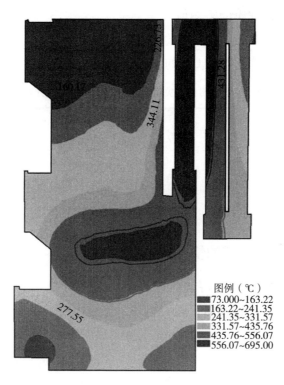

图 6-3　二次燃烧炉剖面温度空间分布

二、烟囱尾气成分分析

38℃、48℃ 和 68℃ 分别是烟叶烘烤过程中的变黄期、定色期和干筋期的关键温度点，一般技术人员设置的目标温度在这 3 个温度点停滞的时间较长。在外界温度相同的条件下，其关键温度点从烟囱排放的气体组分和数量见表 6-2，烤房烟囱出口温度、O_2、CO、CO_2 差异较为明显。CO 是碳氢化合物燃烧不充分的产物，烤房 A 的 CO 含量在 0.8~1.7‰，远远低于当前燃煤的排出量。新炉膛的固体燃料燃烧和气化区外壳面积比对照炉膛大，能更有效地散失固体燃料燃烧产生的热量，减少了散热区域管道的散热负荷，所以出烟温度低于燃煤供热。NO、NO_2、NO_x 和 SO_2 气体属于大气污染物成分，新炉膛低于中国污染物排放标准；烤房 C 的烟囱在 38℃ 和 48℃ 时出口气体中 SO_2 的含量均超过 1 500mg/m³，高于国际上规定正常人 8h 以上污染物接触会损健康的限额值。结果显示，采用该生物质燃烧/气化一体炉为烟叶烘烤提供热量，较采用传统的生物质燃料直接在煤炭炉膛里燃烧供热能够有效降低烟囱尾气中 CO 的含量。

表 6－2　烟囱出口在关键温度点的气体排放组分及数量

温度点 （℃）	烟气温度 （℃）	O_2 （%）	CO （‰）	CO_2 （%）	NO （mg/m³）	NO_2 （mg/m³）	SO_2 （mg/m³）
38	98.6±2.8	10.5±0.6	1.7±0.3	8.8±0.6	5.4±0.9	0.4±0.03	463.2±42.5
48	138.5±3.2	11.3±0.3	1.6±0.2	5.6±0.4	4.2±1.3	0.3±0.02	417.2±38.9
68	160.1±5.6	12.6±0.6	0.8±0.3	4.7±0.2	3.8±0.9	0.3±0.02	401.2±39.0

三、飞尘颗粒生成的情况

图 6-4 显示生物质能源供热设备排放的烟尘浓度情况。总体上燃料起燃时的粉尘浓度高于稳燃时，粉尘排放的数量显示定色期＞干筋期＞变黄期。燃料的燃烧具有一定的周期性，在前半周期，由于挥发物和焦炭先后燃烧，需要空气量增大，但此时因燃料的叠放进风量小，在缺氧情况下，热裂解出现炭黑—黑烟；在后半期，燃烧所需空气量减少，但是燃料间空隙增大进风量反而增加，出现空气过剩，造成排烟热损失增大，但烟尘量明显降低，因此燃料稳燃时的粉尘排放浓度最具有代表性。本炉膛稳燃时粉尘排放浓度小于120mg/m³ 以下，符合 GB 13271—2001 规定的烟尘排放标准。

四、供热设备对烤房内温度精度的影响

烟叶装到烤房内以后，有经验的技术人员会根据烟叶在田间既定的光、热、水、肥条件下形成的烟叶素质，在智能控制装置上设定合理的温、湿度控制数值。在烟叶的烘烤过程中，结合在烤房内烟叶的外观状态变化，适当

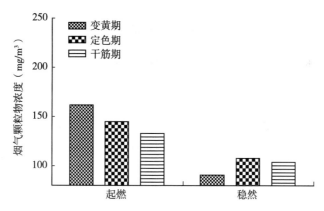

图 6-4 生物质能源供热设备排放的烟尘浓度

调整工艺曲线。因受实际控制条件的限制，烤房内实际的温、湿度数值与设定的温、湿度存在一定的差异，通常情况下，这种差异越小越有利于烟叶质量的形成，反之相反。

图 6-5 显示两种烤房内烘烤中部烟叶时温度的变化情况，生物质燃料烤房与设定的目标温度差异在±0.8℃范围内波动，小于传统燃煤烤房的±1.5℃差异值。在整个烘烤过程中，多个生物质燃料烤房和传统燃煤烤房的实际温度点连贯而成的曲线围绕着目标工艺曲线呈现波峰波谷式的摆动。生物质燃料烤房温度曲线波动偏离预设的目标烘烤温度曲线的幅度小于传统燃煤烤房，比较接近于目标烘烤的曲线。同时也说明技术人员在操作两种不同热源的供热设备烘烤烟叶，能够较好地控制生物质燃料烤房内的实际温度。

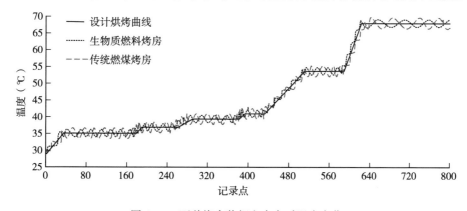

图 6-5 两种烤房装烟室内实时温度变化

参 考 文 献

中华人民共和国环境保护部 . 1996. 空气污染物排放标准（GB 16297—1996）［S］.

Gajewski W，Kijo‐Kleczkowska A，Leszczyński J. 2009. Analysis of cyclic combustion of solid fuels［J］. Fuel，88（2）：221‐234.

OSHA（Occupational Safety and Health Administration）. 1972. Occupational exposure standards［R］. United States Department of Labor.

第七章 生物质成型颗粒燃料插接式烤烟供热设备的设计与制造

针对传统燃煤炉体完好，使用未达到淘汰年限的供热设备，根据生物质固体燃料的燃烧特点，设计专门的插接构造的外置式生物质燃料燃烧机，通过原有的加煤口对接，替代燃煤烤烟供热，可达到节能减排，减少烟叶烘烤带来环境污染的问题。

第一节 全自动简易插接燃烧机

采用各类炉膛通融兼顾的理念，运用现代科技成果及成熟的机电技术，以兼容性为主，体现智能化控制，达到节能减排、降低烘烤劳动用工的目的。

一、设备设计构造

全自动生物质成型颗粒燃烧气化烤烟供热炉，包括进料系统、灰渣清理系统、通风系统、自动点火系统和配套的智能烤烟控制装置（图7-1）。在升级后的烤烟自控仪（见下面的介绍）的控制下执行烤烟的供热，整座机身的外形规格为1 050mm（长）×390mm（宽）×370mm（高），设备的热量输出功率为20 000～200 000kJ/h。利用原有燃煤供热设备的散热装置，通过原有燃煤加煤口把本设备的炉膛深入原有的燃煤炉膛内即可使用。

1. 整体结构

该简易式插接燃烧机主要由炉膛、进料系统和通风系统等组成，为了降低高温对上述关键构造上料动力电机（5）、拨火动力电机（6）和点火伸缩动力电机（7）损坏及送料圆形通道（3）内的生物质燃料失控燃烧，设置了通风室（9）温度过渡缓冲的特殊风流降温构造。

A. 左视图

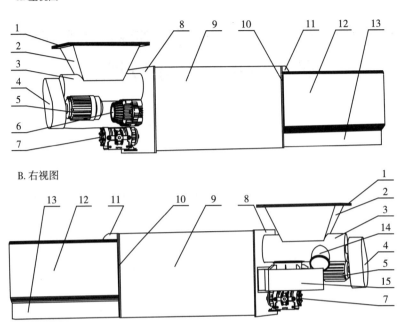

B. 右视图

图 7-1　插接燃烧机设备的外形构造

1. 连接法兰　2. 外扩料箱　3. 送料圆形通道　4. 传送保护装置　5. 上料动力电机
6. 拨火动力电机　7. 点火伸缩动力电机　8. 外封挡板　9. 通风室　10. 内封挡板　11. 炉膛帽　12. 炉膛外壁　13. 炉膛底座　14. 上料检修口　15. 鼓风机

2. 上料装置

上料装置（图 7-2）包括固定料箱（2）、送料圆形通道（3）、上料动力电机（5）等，送料圆形通道（3）上焊接固定料箱（2），为了增加燃料的燃烧时间，通过连接法兰（1）外扩料箱（呈"喇叭状"且大口端朝上）增加生物质燃料的加料量。送料圆形通道（3）头部上侧开设进料口，内设阿基米德螺旋驱动杆（20），阿基米德螺旋驱动杆（20）的头部穿过送料通道（3）的头部，螺旋绞龙的头部安装有上料传动齿轮（29），并在其外围设有传送保护装置（4）。螺旋绞龙通过上料传动齿轮（29）啮合上料动力电机（5），上料动力电机（5）焊接在送料圆形通道（3）头部的底侧，并在送料圆形通道（3）头部一侧开设上料检修口（14），而尾部穿过通风室（9）延伸至燃烧炉膛并通过出料口（30）送出生物质颗粒燃料。

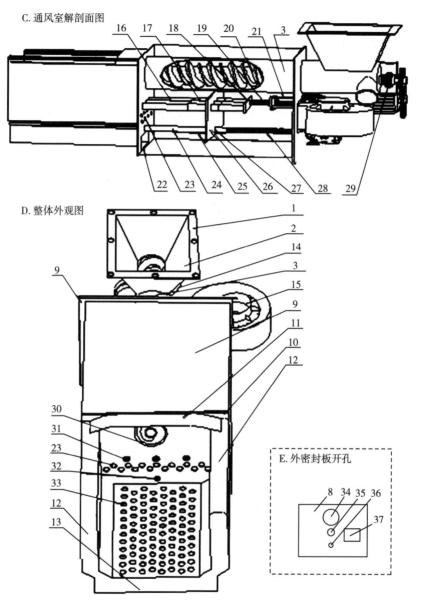

C. 通风室解剖面图

D. 整体外观图

E. 外密封板开孔

图 7 - 2　上料装置设备的内部构造

16. 拨火棒 1　17. 圆形拨火棒套管　18. 拨火棒固定板　19. 拨火螺旋传动杆　20. 阿基米德螺旋驱动杆　21. 动力转换装置　22. 底部通风口　23. 垂直风口 1　24. 加热棒（带红外检测）　25. 方形轨道棒 26. 综合固定板　27. 综合固定板上有型凹槽　28. 点火螺旋传动杆　29. 上料传动齿轮
30. 出料口　31. 拨火伸出口　32. 点火伸出口　33. 水平伸出口 1（改为水平出气口 1）　　34. 送料圆形通道开孔 35. 拨火转动开孔　36. 点火传动开孔　37. 鼓风出气开孔

3. 通风助氧装置

本装置的鼓风机（15）、通风室（9）、中空的炉膛底座（13）、水平出气口（33）、垂直风口（23）构成了炉体的通风系统，给燃料进行二次通风，保证了生物质的充分燃烧。底部通风口（22）与炉膛底座（13）的进风口位置对应，炉膛底座（13）头部表面中间位置开设进风口，炉膛底座（13）为中空状，膛外壁（12）与炉膛底座（13）组成"U"形且焊接为一体。鼓风出气开孔（37）内设置鼓风机（15）的出风孔，鼓风机（15）链接在外封挡板（8）表面。由垂直风口（23）和底部通风口（22）内通过鼓风机（15）吹出助燃风。

4. 燃烧装置

通风室（9）内设置有综合固定板（26），焊接在通风室（9）的内壁上。综合固定板（26）顶部开设拨火孔，拨火孔内焊接圆形拨火棒套管（17），圆形拨火棒套管（17）内放置拨火棒（16），拨火棒（16）的头部焊接拨火棒固定板（18）的正面，拨火棒（16）的尾部伸至燃烧炉膛中，拨火棒固定板（18）的反面中间位置焊接拨火螺旋传动杆（19）的头部。拨火螺旋传动杆（19）的尾部连接有动力转换装置（21）的头部，动力转换装置（21）尾部连接有拨火动力电机（6）的动力输出轴。动力转换装置（21）由两个螺母、三根连接条组成，所述两个螺母位于端侧，三根连接条均匀地焊接在螺母周围。

拨火动力电机（6）工作的频率和拨火棒（16）工作的幅度关联上料动力电机（5）旋转的圈数，当燃料堵塞时可以及时清理，保证生物质燃烧的正常工作。

5. 拨火和点火装置

综合固定板（26）底部中间位置开设有型凹槽（27），有型凹槽（27）卡设加热棒（24）。加热棒（24）的底部焊接方形轨道（25），头部铰接点火螺旋传动杆（28），点火螺旋传动杆（28）的尾部连接点火伸缩动力电机（7）的动力输出轴。生物质燃料点燃时加热棒（28）的尾部延伸至燃烧炉膛点燃燃料。加热综合固定板（26）面朝炉膛一侧安装有温度传感器，当生物质燃料点燃后产生的火焰通过垂直风口1（23）被检测到，加热棒（24）停止加热，点火伸缩动力电机（7）提供转向相反动力，加热棒（24）按原路返回到远处，原来的加热棒（24）出口孔起到垂直风口作用。

二、工作原理

使用该生物质燃烧机时，首先将控制器内的控制程序通过导线传送给本装置，然后将生物质燃料加入到固定料箱（2）中，生物质燃料在螺旋绞龙的运输下进入到燃烧室，螺旋绞龙的动力由上料动力电机（5）提供；加热棒（24）在点火伸缩动力电机（7）的带动下在点火螺旋传动杆（28）上旋转移动，加热棒（24）移动至生物质燃料中对其进行加热，直到生物质燃料开始燃烧，加热棒（24）上的温度传感器检测到温度达到预设温度时，点火伸缩动力电机（7）反转带动加热棒（24）在点火螺旋传动杆（28）上反向旋转缩回。与此同时，拨火动力电机（7）带动拨火螺旋传动装置（21）在拨火棒（16）上往复旋转移动，拨火棒（16）的尾部在生物质内来回拨动将燃料残余拨开，避免残余影响燃烧，鼓风机（15）、通风室（9）、中空的炉膛底座（13）、水平出气口（33）、垂直风口（23）构成了本装置的通风系统，鼓风机（15）吹出的风从水平出气口（33）、垂直风口（23）进入到生物质燃料形成二次通风，保证了燃料的充分燃烧，又降低了通风室内的温度，有利于保护通风室内拨火、点火和上料设备免受高温的损坏。

三、设备材质的选择与搭配

表7-1显示外置式生物质设备的加工材料和尺寸。用耐腐蚀性强的金属制作，由分体设计加工的炉膛和通风两部分组成。与燃煤炉膛添煤口的连接采用密封无缝焊接。金属外表面均采用耐500℃以上高温、抗氧化、附着力强的环保材料进行防腐处理。配置的点火棒、动力转换装置、清灰棒和清灰联动轴承等符合 JB/T 7273.3 标准。

表 7-1 主要构件的材质及规格

构件	零部件名称	外形尺寸 （mm）	材料厚度 （mm）	材质
炉膛	炉沿边框	30×400×200	4	12Cr17Mn6Ni5N 钢材
	底座	380×400×50	4	12Cr17Mn6Ni5N 钢材

（续）

构件	零部件名称	外形尺寸 （mm）	材料厚度 （mm）	材质
通风室	炉帽	140×950×40	3	12Cr17Mn6Ni5N 钢材
	外壁	370×150×390	4	12Cr17Mn6Ni5N 钢材
	内壁	370×150×390		06Cr25Ni20 钢材
	送料通道	60（φ）×1 180	3	12Cr17Mn6Ni5N 钢材
	固定板	*×150×384	3	06Cr25Ni20 钢材
	耐火材料	—	2	耐火石棉

注：外形尺寸为长×宽×高或直径×长度，*为厚度。

第二节　全自动简易移动燃烧机

一、设备设计构造

全自动生物质成型颗粒燃烧机基于成熟的燃油和燃气燃烧机构造，包括进料系统、灰渣清理系统、通风系统、自动点火系统和配套的智能烤烟控制装置。在升级后的烤烟自控仪的控制下执行烤烟的供热，整座机身的外形规格为 1 650mm（长）×800mm（宽）×1 500mm（高），设备的热量输出功率为 2 000～20 000kJ/h。利用原有燃煤供热设备的散热装置，通过原有燃煤加煤口把本设备的炉腔深入原有的燃煤炉腔内即可使用。

1. 上料装置

如图 7-3、图 7-4 和图 7-5 显示，在烟叶的烘烤季节把本设备框架（1）移送到燃煤供热设备的烤房前，对接到未淘汰的燃煤烤房前，把 U 形燃烧炉（16）通过加煤口（17）深入到标准燃煤炉腔（13）内部，外密封板（14）与原加煤口（17）紧密衔接保证不漏风。在烟叶装满密集烤房后关闭装烟门，往料斗（2）添加生物质成型颗粒燃料，打开智控装置并设定合理的温湿度曲线，智控装置首先控制进料动力电机（6）转动，燃料通过下料口（20）下落到接料 U 形板（5），大小绞龙板传动轴承（19）在进料动力电机（6）驱动下，绞动燃料沿圆形送料通道（4）定量地通过燃料出口

（35）送到 U 形燃烧炉（16），形成燃料堆后进料动力电机（6）停止驱动。

在烟叶烘烤过程中，烟叶对热量的需求是不均衡的，当需要较大火力时，进料动力电机转速变大，通过燃料出口（35）供给 U 形燃烧炉（16）的生物质燃料越多，反之越少。

2. 点火装置

点火伸缩电机（8）开始工作，带动点火螺纹传动轴（30）向前推进点火棒（25）通过点火棒出口（24）伸入到燃料堆内，通过电源开始加热，温度大约升到 400℃ 左右，生物质成型颗粒燃料开始内燃。此时在固定板（33）上的红外传感器（34）通过垂直出风孔（n 个）（22）感测到燃料燃烧，把信号传送给烤烟控制仪后通过动力收回点火棒（25）回到原位。

固定板（33）在风室（15）内壁上固定，与其焊接的圆形拨火棒通道（26）起到点火棒（25）轨道作用。另外安装在固定板（33）上的红外传感器（34）能够通过垂直出风孔（n 个）（22）检测 U 形燃烧炉（16）生物质燃料是否燃烧，一旦发现停火，会重复启动点火供热。

3. 助燃送风装置

烤烟控制仪得知燃料燃烧后，启动助燃空气进口（4）开始鼓风，助燃空气通过增添送风软管（10）→助燃空气进口（9）→鼓风入口（31）进入到风室（15）内，封闭的后端风室促使助燃空气通过内部空间，一部分通过风室外隔（36）上的垂直出风孔 1（n 个）（22）提供生物质燃料助燃空气，一部分通过风室下分风室（21）经水平出风孔 1（n 个）（21）进入燃烧堆内提供助燃空气。

增添送风软管（10）的长短可以自行设定，根据不同烤房的情况，目的是把鼓风机安放到最佳牢稳的位置。从鼓风入口（31）进入风室内室温的助燃空气通过风室内部过程中，不断吹刷点火装置和拨火装置从而降低温度避免高温变形，起到冷却作用。

4. 清灰装置

在烘烤的过程中，随着持续燃料提供和燃料燃烧出现灰尘堆积问题，拨火伸缩电机（8）旋转带动点火螺纹传动轴（30），拉动点火棒交汇联动轴（28）推进其上面的拨火棒（n 个）（27），经圆形拨火棒通道（26）在拨火棒出口（23）处伸出来回推动灰堆，在垂直出风孔1（n个）（22）处风力的吹动下飘进标准燃煤炉膛（13）内的灰坑内，通过原有的方法清理灰渣。拨火装置运动的频率（时间）和步幅（伸出长短）可在人为控制下前提在烤烟控制仪上设定。

拆除原有的炉条和耐火砖有利于散热和提高燃料的利用效率。

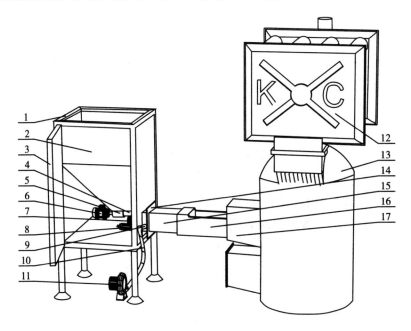

图7-3　设备整体外观平面图

1. 设备框架　2. 料斗　3. 维修门　4. 圆形送料通道　5. 接料U形板　6. 进料动力电机
7. 拨火伸缩电机　8. 点火伸缩电机　9. 助燃空气进口　10. 增添送风软管　11. 鼓风机
12. 标准散热器　13. 标准燃煤炉膛　14. 外密封板　15. 风室　16. U形燃烧炉　17. 加煤口
18. 水平出风孔（n个）　19. 大小绞龙板传动轴承　20. 下料口

5. 设备材质的选择与搭配

表7-2显示外置式生物质设备的加工材料和尺寸。炉膛部分采用12Cr17Mn6Ni5N耐腐蚀性强的金属材质制作，由分体设计加工的炉膛和通风室两部分组成，通风室采用06Cr25Ni20钢材。整个设备的金属外表面均采用耐500℃以上高温、抗氧化、附着力强的环保材料进行防腐处理。配置的点火棒、动力转换装置、清灰棒和清灰联动轴承等符合JB/T 7273.3标准。

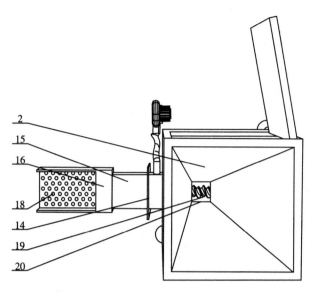

图 7 - 4　设备俯视图

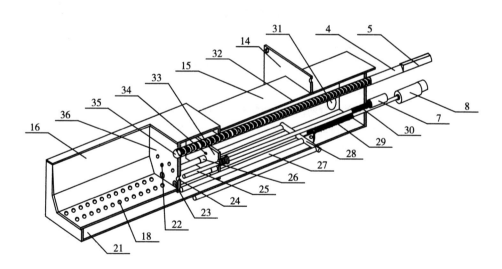

图 7 - 5　设备通风、拨火、上料和燃烧系统剖面图

21. 风室下分风室　22. 垂直出风孔（n个）　23. 拨火棒出口　24. 点火棒出口　25. 点火棒　26. 圆形拨火棒通道　27. 拨火棒（n个）　28. 点火棒交汇联动轴　29. 拨火螺纹传动轴　30. 点火螺纹传动轴　31. 鼓风入口　32. 风室切割板　33. 固定板　34. 红外传感器　35. 燃料出口　36. 风室外隔

表 7-2　主要构件的材质及规格

构件	零部件名称	外形尺寸（mm）	材料厚度（mm）	材质
炉膛	炉沿边框	30×400×200	4	12Cr17Mn6Ni5N 钢材
	底座	380×400×50	4	12Cr17Mn6Ni5N 钢材
通风室	炉帽	140×950×40	3	12Cr17Mn6Ni5N 钢材
	外壁	400×150×390	4	12Cr17Mn6Ni5N 钢材
	内壁	400×150×390	—	06Cr25Ni20 钢材
	固定板	150×384	3	06Cr25Ni20 钢材
	耐火材料	—	2	耐火石棉
机身框架	料斗	—	3	Q235 A 钢材
	外壳	—	3	Q235 A 钢材
	框架角钢	—	4	Q235 A 钢材

注：外形尺寸为长×宽×高。

参 考 文 献

国家烟草专卖局 . 2009. 密集烤房技术规范（试行）修订版 [S].

蒋笃忠，骆君华，成勃松，等 . 2011. 气流上升式连体密集烤房余热共享的设计及应用 [J]. 中国农学通报（30）：258-261.

郎朗 . 2011. 基于 S3C44B0X 的智能型烟叶烘烤系统设计 [J]. 电子世界（8）：44，57.

王建安 . 刘国顺 . 2012. 生物质燃烧炉热水集中供热烤烟设备的研制及效果分析 [J]. 中国烟草学报，18（6）：32-37.

张宗锦，胡建新，郭川 . 2012. 新型电烤烟房的研究 [J]. 安徽农业科学（13）：7984-7986.

第八章　生物质成型颗粒燃料内置式烤烟供热设备设计与制造

针对原有燃煤炉体破损较重，使用已经达到淘汰的年限，根据生物质固体燃料的燃烧特点，设计专门的生物质固体燃烧—气化—二次燃烧的炉体设备，拆除淘汰的炉体更换为生物质燃料内置式烤烟供热设备，替代燃煤烤烟供热，以期充分利用生物质成型颗粒燃料储藏的能量和节约劳力，达到节能减排、减少灰尘堵塞散热管和延长散热器寿命的效果。

第一节　除尘内含构造的内置式供热设备

保证生物质颗粒燃料充分燃烧是新炉体设计的基础，如何把助燃空气合理地分配给燃料固体和气化气体燃烧是设计关键点；解决传统的粉尘堵塞散热器管道问题，设计合理的除尘装置是该炉体的难点；还要考虑各类传动部件的保护，如何避免接触炉膛高温导致功能被破坏。图8-1显示了内置式生物质成型颗粒燃料烤烟供热炉体的外观和内部构造，主要由粉尘收集、炉膛和上料装置3个系统构成。炉体呈圆柱形，直径和高度分别为760mm和1 050mm，功率输出为20 000～200 000kJ/h。

一、粉尘颗粒收集装置

该装置（图8-1）由除尘箱体（10）、烟气粉尘导板（18）、清灰通道（11）和清灰门（12）等组成。烟气粉尘导板（18）具有灰尘过滤功能，把大颗粒燃尽物质阻挡到下面的灰坑中。清灰门（12）在烟叶烘烤供热时关闭，当颗粒物质积累较多并在供热停止时，通过清灰出口（20）和清灰通道（11）掏出。

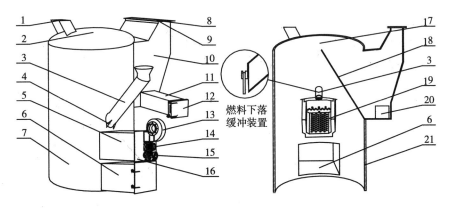

图 8-1　一体炉整体外形和剖面构造

1. 散热器支架　2. 圆形炉顶　3. 燃料进料通道　4. 强固三脚架　5. 通风室　6. 出渣通道
7. 炉体　8. 热气出口（连接散热入口）　9. 连接散热器法兰　10. 除尘箱体　11. 清灰通道
12. 清灰门　13. 助燃风机　14. 拨火电机　15. 点火电机　16. 燃烧器外密封板　17. 炉膛热气
出口　18. 烟气粉尘导板　19. U 型炉膛　20. 清灰出口　21. 炉膛外壁

二、炉膛构造

炉膛是生物质燃料固体和气化气体燃烧的场所，图 8-2 显示其内部详细的构造。当烤烟开始烘烤时，燃料通过燃料进料通道（3）下落到加热棒（28）处堆积，然后点火电机（15）得到信号，旋转点火螺旋传动杆（39），通过有型凹槽（38）后扭推方形轨道棒（37），前行驱动加热棒（28）进入炉膛内，点燃固态的生物质燃料。燃料燃烧的火焰被加热棒（28）尾部上的红外探测器（36）通过垂直风口（27）检测到后，点火电机（15）自动收缩回原来的状态，同时助燃风机（13）开始工作提供助燃空气。助燃空气在密封的通风室（5）被压缩后，一部分通过底部通风口（35）从水平出风口（29），提供氧气供固态燃料燃烧；另一部分通过垂直风口（27）进入炉膛提供给气化气体燃烧。

生物质燃料在炉膛里燃烧会产生固态粉状灰烬。拨火电机（14）会根据燃料进入炉膛量每隔一定时间进行清灰。当炉膛需要清灰时，拨火电机（14）旋转的轴承沿着动力转换装置（41）、螺旋传动杆（40）线路，把固定在拨火棒固定板（34）连接的拨火棒（30）通过圆形通道套管（33）和拨火棒伸出口（26）进入到炉膛内，推送灰堆到炉膛下面的灰坑中，部分扬尘后

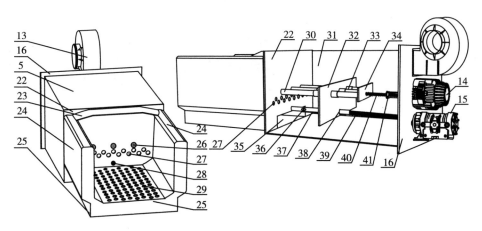

图 8-2　燃烧装置的内部构造图

22. 内封挡板　23. U 型炉膛外壁　24. 炉膛帽　25. U 型炉膛底座　26. 拨火棒伸出口　27. 垂直风口　28. 加热棒　29. 水平出风口　30. 拨火棒　31. 通风室内壁　32. 综合固定板　33. 圆形通道套管　34. 拨火棒固定板　35. 底部通风口　36. 红外探测器　37. 方形轨道棒　38. 有型凹槽　39. 螺旋制动杆　40. 螺旋传动杆　41. 动力转换装置

颗粒在水平出风口（29）和垂直风口（27）风压下被吹入到炉膛下面的灰坑中。拨火棒（30）工作的频率和幅度关联进料电机（47）（图 8-3）旋转的圈数而被烤烟控制装置控制。

三、进料装置

图 8-3 显示上料机械的构造。当烤烟需要供热时，进料电机（47）在烤烟控制装置电信号的驱动下旋转，在重力的作用下，燃料从料箱（42）下落到 U 形承料斗（46），在圆形送料管道（51）内大小双叶片螺旋绞龙（50）运输燃料沿垂直下料通道（49）和弯形出料对接装置（48）下落到燃料进料通道（3）进入炉膛。大小双叶片螺旋绞龙（50）的设计能够有效降低高速运转时生物质颗粒的破损。

四、设备材质的选择与搭配

表 8-1 显示该方案的内置式生物质燃料烤烟供热设备的加工材料和尺寸。总体上使用耐腐蚀性强的金属制作，由分体设计加工的换热器和炉体两部分组成。两部分对接的烟气管道与支撑架均采用无缝焊接。换热器采用

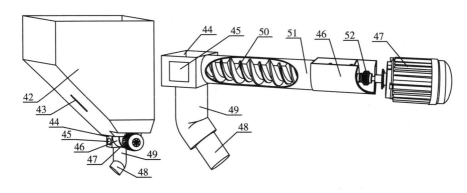

图 8 - 3　双叶片螺旋绞龙上料机械构造

42. 料箱　43. 观察窗　44. 方形通道　45. 维修清理口　46. U 形承料斗　47. 进料电机　48. 弯形出料对接装置　49. 垂直下料通道　50. 大小双叶片螺旋绞龙　51. 圆形送料管道　53. 减速装置

4 - 3 - 4 自左至右三列 11 根换热管纵列结构，全部 11 根翅片管。炉体由方形炉顶、方形炉壁和方形炉底焊接而成。炉顶、炉壁和炉底采用对接方式满焊。金属外表面均采用耐 500℃ 以上高温、抗氧化、附着力强的环保材料进行防腐处理。配置的进风门、压火拉手、清灰手柄和清灰联动轴承等符合 JB/T 7273.3 标准。炉膛内衬采用耐火材料。

表 8 - 1　主要构件的材质及规格

构件	零部件名称	外形尺寸 （mm）	材料厚度 （mm）	材质
炉膛	炉膛外罩	133（φ）×1 160	4	12Cr17Mn6Ni5N 钢材
	底座	133（φ）	3	12Cr17Mn6Ni5N 钢材
	除尘箱体	500×450×400	4	12Cr17Mn6Ni5N 钢材
	除尘清灰通道	80×80×550	3	06Cr25Ni20 钢材
	炉顶支架	80×280×150	3	06Cr25Ni20 钢材
散热器	火管	133（φ）×700 or 133（φ）×1 100	3 or 4	12Cr17Mn6Ni5N 钢材
	上火箱	500×910×150	3	12Cr17Mn6Ni5N 钢材
	下火箱	320×910×150	3	12Cr17Mn6Ni5N 钢材
	散热翅片	—	0.5	Q235 钢材
辅助	料斗	—	3	Q235 钢材

注：外形尺寸为长×宽×高或直径×长度。

五、工作原理

生物质燃烧炉使用时，将生物质通过入料管（3）加入，生物质在重力作用下载入料管（3）内滑动，当生物质颗粒燃料到达与炉膛接近的入料管（3）出口处，在遮板的遮挡下生物质颗粒料从入料管（3）下半部流出并拍打在挡板上，在挡板的隔挡下，生物质颗粒料会全部下落到 U 形炉膛内（19）内，不会直接进入到炉体（1）内。停止加料后，点火棒（11）工作加热周围空气，热空气被风机吹入到生物质颗粒料周围，随着温度的升高达到生物质的燃点，生物质颗粒料开始燃烧，燃烧后的残渣被电拨火棒（30）推至炉体（7）底端，通过打开出渣通道（6）的门进行清理。

第二节　除尘外露的内置式供热设备

本炉膛根据生物质颗粒燃料燃烧特点，设计助燃空气二次炉膛下分风，沿炉膛隔热层外壁上升的过程中加热成高温的空气，与生物质固定颗粒气化产生的高温可燃性气化气体在圆立柱形二次燃烧器处碰撞燃烧，经过特有的集散热、除尘和承重的除尘装置后，热空气进入标准散热器，通过标准散热器散热满足烘烤的需求。采用新时代成熟的机电技术，改进了进料系统和烘烤过程的烧火管理。

一、炉膛的整体构造

参照国家烟草专卖局 418 号密集烤房标准，对接其标准的散热器，围绕着降低散热管道堵塞，突出提高生物质燃料燃烧效率和智能化控制。本设备的外形框架构造见图 8-4。主要由粉尘收集、炉膛和上料装置 3 个系统构成。炉体呈圆柱形，直径和高度分别为 760mm 和 1 200mm，功率输出为20 000～200 000kJ/h。

生物质成型燃料固体部分燃烧过程中，气化产生可燃性气体随热空气上升（图 8-5）。进入到炉膛底部的助燃空气大部分为生物质成型燃料的固体物质提供氧气燃烧，在负压的作用下部分空气通过助燃空气分配通道（17）进入到耐火砖（13）与供热设备钢质外壁（20）之间的空隙内，加热变成高

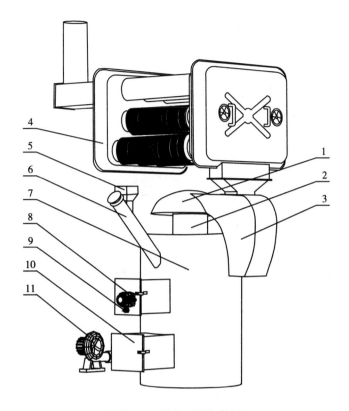

图 8-4 外部可视部件图

1. 圆顶形二次燃烧室　2. 圆立柱形二次燃烧器　3. 除尘装置　4. 标准散热器　5. 生物质燃料进料盒　6. 圆筒形燃料下滑通道　7. 生物质固体燃烧气化炉膛　8. 拨火装置　9. 点火装置　10. 出渣门和通道　11. 助燃风机

温的气体上升，在圆立柱形二次燃烧器（2）处与可燃的气化气体相遇，发生二次燃烧，并在圆顶形二次燃烧室（1）中产生火焰。

圆顶形二次燃烧室（1）形成的热气通过除尘装置（3）中的除尘板（3-4）时发生气道变形，通过连接散热器法兰（3-1），热气从热气出口（3-2）进入到标准散热器（4）散热。

为了防止大量生物质燃料通过圆筒形燃料下滑通道（6）时猛压火势，在通道的最下端采用挂钩安装了可以活动的燃料下滑缓冲半圆板（14），缓冲燃料下落的速度。为保证二次分风后的空气在耐火砖（13）外顺畅流动，在其上方安装了耐火材料钢箍（12）保证炉膛内部的稳定。

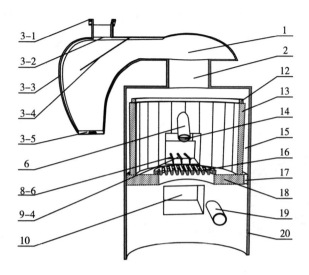

图 8-5　设备剖面图

12.耐火材料钢箍　13.耐火砖　14.燃料下滑缓冲半圆板　15.空气加热流动通道　16.炉箅
17.助燃空气分配通道　18.炉膛隔垫　19.助燃空气进入通道　20.供热设备钢质外壁
3-1.连接散热器法兰　3-2.热气出口　3-3.除尘器外壁　3-4.除尘板　3-5.除尘口

二、除尘装置

除尘装置（3）由钢板焊接而成，热气经过其内部能够从除尘器外壁
（3-3）散失热量。热气从圆顶形二次燃烧室（1）进入到除尘装置（3）时，
其温度降低且气道发生下沉变异，部分从炉膛内随热气带出的生物质尘埃从
除尘板（3-4）下落积累到除尘装置（3）的底部。每炕需要清理灰尘时，
打开除尘装置（3）的底部的除尘口（3-5）进行清理。为了增加整体设备
的散热效果，应从除尘口（3-5）向上把除尘器外壁（3-3）打扫干净。

三、拨火装置（图 8-6）

拨火装置（8）工作时，旋转的拨火电机（8-1）带动套旋杆（8-2）
伸缩通过螺母固定的螺纹钢轴（8-3），再带动焊接一体的调节长短器
（8-4）和拨火器（8-7）在固定架（8-6）上连为一体伸缩通道（8-5）
伸缩，在伸缩的过程中完成生物质燃料拨火的管理。在拨火的过程中，通过
拨火电机（8-1）旋转的圈数控制调节长短器（8-4）的伸缩幅度完成步幅

的调整；在烘烤的过程中通过设定一定的电机工作和休息的时间，完成拨火频率的调整。当拨火器（8-7）随着步幅和频率伸缩运动时，生物质成型颗粒燃尽后产生的炉灰顺炉算（16）间的空隙下落，最后通过出渣门和通道（10）经人工掏出。

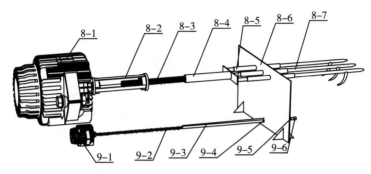

图 8-6　拨火和点火装置

8-1.拨火电机　8-2.套旋杆　8-3.螺纹钢轴　8-4.调节长短器　8-5.伸缩通道　8-6.固定架　8-7.拨火器　9-1.点火电机　9-2.动力钢轴　9-3.凸形螺纹套杆　9-4.架上凸形凹槽　9-5.红外探测器　9-6.点火器

四、点火装置（图 8-6）

生物质燃料通过外置的料箱经过圆筒形燃料下滑通道（6）进入炉膛达到一定数量时，点火装置（9）开始通过电机的旋转加热器（9-4）深入到生物质成型燃料堆中，引燃燃料。当加热器（9-4）后面安装的红外探测器（9-5）探测到燃料已经燃烧时，加热器（9-4）停止加热，并缩回到原来位置。与此同时，助燃风机（11）开始工作，助燃空气进入到炉膛底部提供氧气帮助生物质成型燃料燃烧。

点火装置工作时，点火电机（9-1）带动动力钢轴（9-2）螺纹旋转，再带动凸形螺纹套杆（9-3）。然后凸形螺纹套杆（9-3）从固定架（8-6）的架上凸形凹槽伸出到生物质成型燃料堆中，点火器（9-6）通过电源加热升温点火。红外探测器（9-5）能够获知生物质成型颗粒燃料燃烧与否，并反馈到烤烟智能控制仪器上，决定是否切断点火器（9-6）电源和点火电机（9-1）旋转缩回点火器（9-6）。

五、操作实践

把本设计的炉膛与标准散热器（4）通过连接散热器法兰（3-1），置换到密集烤房加热室内已经淘汰的燃煤炉膛内。在烟叶的烘烤季节，外部安装现有的生物质进料装置，装好烟后在烤烟智能控制装置上设定进料、鼓风和拨火装置的程序，烤烟供热设备开始运转。

在烘烤中需要整理生物质燃烧堆时，拨火装置（8）在烤烟智能控制仪器的控制下通过控制拨火器的步幅和频率进行自动伸缩，保证固体燃料的充分燃烧和气化。然后在密集烤房配套的循环风机作用下标准散热器（4）加热室内的空气后进入到装烟室，提高烤烟热量。

第三节　生产试验测试

两种内置式供热炉体设备置换原有燃煤炉体，其热气出口通过法兰对接原来标准散热器下端的热气入口，另一侧通过散热器支架相互固定（图8-7），使用标准的密集烤房进行测试。选取当地规范化栽培、成熟采收的烟叶作为试验材料，采取挂竿或箱式的方式装烟。所使用的生物质成型颗粒燃料的粒径为10mm，长度为直径的3～4倍，生物质颗粒燃料低位热值为16 850kJ/kg。

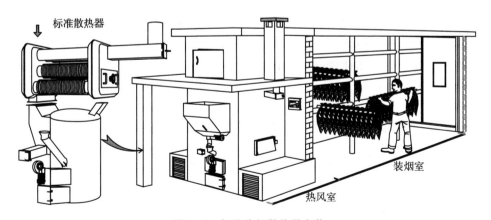

图8-7　标准烤烟散热器安装

一、设备供热对控温精度的影响

表 8-2 显示设备供热后对烟叶烘烤的不同阶段和不同装烟方式控温精度分析结果，烟叶在变黄期控制精度较高，受通风排湿的影响定色期较差；箱式烟叶烘烤的控温精度总体上高于挂竿。受燃料燃烧特性的影响，在烟叶实际烘烤过程中两个温度之间或多或少地存在差异，两种装烟方式的实际温度与设定的目标温度之间的差异在 ±0.5℃ 以内，对比当前报道内置式生物质烤烟供热存在 ±1.0~±2.8℃ 温度差异，具有控温准确的优势。

表 8-2 不同装烟方式的烟叶烘烤对控温精度的影响

	挂竿（℃）	大箱（℃）
变黄期	±0.34	±0.29
定色期	±0.42	±0.33
干筋期	±0.37	±0.31

二、收集的粉尘颗粒组分粒径及质量分布

通过 3~2 000μm 电成型筛网分离沉积箱内粉尘混合物质，其粒径和含量分布见图 8-8。不同粉尘颗粒含量呈现正态分布，颗粒粒径分布的 99.99% 的置信区间在 89~420μm，其中 178μm 含量最高，约占粉尘总含量的 20%。一定燃烧方式下的生物质固体成型燃料燃烧颗粒物的数量和质量具有一定的峰值，这条曲线显示烤烟供热模式下粉尘颗粒物的粒径主要集中在 178μm。通过对烘烤结束后炉体散热管道内检测，管道内壁沉积极少的粉尘颗粒，说明生物质成型颗粒燃料燃烧后大部分沉降到除尘箱体的底部，降低了这些粉尘物质堆积到散热器中影响散热效率。

三、生物质成型颗粒燃料燃烧时炉膛及通风室温度分布状况

图 8-9 显示生物质燃料最大火力供热过程中炉膛和通风室温度分布状况，从炉膛—内封挡板—外封挡板呈现温度降低的趋势，通风室内温度保持在 44.5~50.5℃。通常情况下，25~60℃ 为一般的电子元器件的安全温度段，这种在通风室内采用助燃空气流动的降温构造，不仅预热了有利

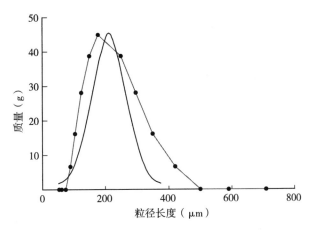

图 8-8　沉积箱体内收集的不同粉尘粒径和质量的曲线分布

于生物质燃料燃烧的助燃空气，又能够避免过高的温度对各类功能性部件的损坏。

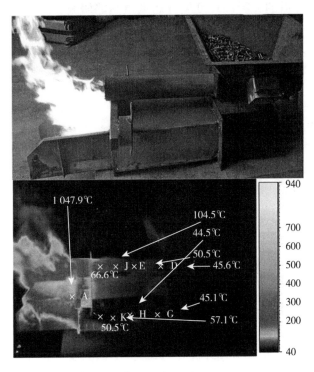

图 8-9　炉膛及通风室温度分布

四、烘烤供热的经济参数测试分析

表 8-3 是以中部叶为测试材料，显示了新设备烤烟供热的基本经济参数。密集烤房系统热效率是考察供热设备的重要参数，从 Siddiqui 和 Rajabu 使用 14kg 木材燃料烘烤出 1kg 干烟，到 Musoni 改进供热设备后提高到 4.5kg/kg，烤房的热效率得到明显提升。近两年，随着烟区推广生物质成型颗粒燃料烤烟供热，烤房系统热效率已经从原先直接燃烧的 39% 上升到目前生物质外置专用烤烟气化燃烧炉膛的 59.93%。本设备烤烟系统热效率达到 64.26%～65.42%，也远高于类似计算方法的燃煤供热设备 50% 左右的热效率，具有节能的优势。然而，本研究采用的是原有燃煤标准的散热器，是否能与新设备组合到达最佳的供热效果，还需围绕散热器的优化进一步研究。生物质成型颗粒燃料的能量密度是影响其热效率的重要参数，本试验使用的生物质燃料的直径和长度分别为 10mm 和 30～40mm，下一步有必要根据生物质燃料的粒径和长度展开烤烟供热的研究。

表 8-3　烤烟供热基本经济参数的分析

指标	双庙（箱式）	凹村（挂竿）	杜关（挂竿）
烘烤时间（h）	159	142	153
鲜烟质量（kg）	6 700	5 821	5 712
干烟质量（kg）	836	782	615
燃料消耗（kg）	1 372	1 195	1 214
每炉电力消耗（kW·h）	196	166	172
每炉烘烤费用（元）	1 362.20	1 183.40	1 204.40
每 kg 干烟烘烤费用（元/kg）	1.63	1.51	1.96
烤房系统热效率（%）	65.42	64.54	64.26

注：按 2019 年当地市场价格，生物质：900 元/t，电：0.65 元/kW·h。

参 考 文 献

国家烟草专卖局.2009.密集烤房技术规范（试行）修订版［S］.

王行，邱妙文，柯油松，等.2010.砖混二次配热密集烤房设计与应用［J］.中国烟草学报，

16（5）：39－43.

张亚平，杨秀华，何胤，等．2019.高温工作型红外探测器杜瓦漏热分析与测试［J］.真空，56（3）：60－65.

张永亮，赵立欣，姚宗路，等．2013.生物质固体成型燃料燃烧颗粒物的数量和质量分布特性［J］.农业工程学报，29（19）：185－192.

Condorí M，Albesa F，Altobelli F，et al. 2020. Image processing for monitoring of the cured tobacco process in a bulk－curing stove［J］. Computers and Electronics in Agriculture（168）：1－9.

Dessbesell L.，De Farias J. A.，Roesch F. 2017. Complementing firewood with alternative energy sources in Rio Pardo Watershed，Brazil［OL］. Ciencia Rural，https：//doi. org/10. 159 0/0103－8478cr20151216.

Musoni S，Nazare R，Manzungu E，et al. 2013. Redesign of commonly used tobacco curing barns in Zimbabwe for increased energy efficiency［J］. International Journal of Engineering Science & Technology，5（3）：1314－1320.

Ren T B，Liu X J，Xu C S，et al. 2019. Application of biomass moulding fuel to automatic flue－cured tobacco furnaces efficiency and cost－effectiveness［J］. Thermal Science，23（5A）：2667－2675.

Siddiqui K M，Rajabu H. 1996. Energy efficiency in current tobacco－curing practice in Tanzania and its consequences［J］. Energy，21（2）：141－145.

Xiao X D，Li C M，Ya P，et al. 2015. Industrial experiments of biomass briquettes as fuels for bulk curing barns［J］. International Journal of Green Energy，12（11）：1061－1065.

第九章 生物质烤烟供热控制系统设计

生物质燃料供热设备虽然是研究的重点，然而在应用推广中需要尊重烟农的烟叶烘烤习惯、更为便捷的操作和最大限度地降低烘烤劳动用工。孤立地设计生物质燃料供热设备可能无法与之配套。本研究在综合上述因素的基础上，拟升级改造烤烟控制仪和设计简单有效的燃料传送装置。

根据烟叶烘烤工艺要求，密集烤房控制器的设计目标是：①内置多条专家烘烤曲线分别对应上部叶、中部叶和下部叶，并能快捷设定修改以适应不同烟叶特性，在烘烤过程中可对工艺参数进行调整，并在停电情况下保存；②记录烘烤过程数据并可随时查看；③运行过程中显示提示信息，包括设定温湿度、实时温湿度、运行时间、执行器状态、报警信息和远程监控；④后备电池自动切换，保证停电后再开机可查看当前温湿度值，来电后自动恢复正常运行；⑤具备通信接口，能够实现记录数据下载和联网；⑥干球和湿球温度测量范围 $0\sim99.9℃$，分辨率 $\pm0.1℃$，测量精度 $\pm0.5℃$，干球温度控制精度 $\pm2℃$，湿球温度控制精度 $\pm1℃$。

第一节 硬件主要模块设计

整体思路围绕着"节能减排、省工降本"，根据内置式和外置式供热设备的供热特点，利用现代成熟的计算机和机电技术，在国家烟草专卖局418号文件烤烟控制仪控制功能的基础上，首先完成燃料的替代功能的调整，然后完成操作模式的调整（图9-1）。

当烤房上电运行后，使用嵌入式控制器从数据库中调出烘烤工艺、控制参数和控制规则等数据。嵌入式控制器调用驱动程序，初始化前、后向通道设备。初始化完成后开始采集传感器数据，将采集到的数据与烘烤工艺库中的设定值进行比较，将比较结果输入控制算法中。经过算法的运算处理，输

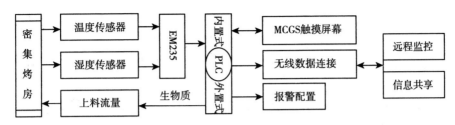

图 9-1　智能控制设计原理图

出控制量，用其推动相应执行机构动作以实现控制意图。采用意法半导体高性能单片机 STM32F103RBT6 进行控制，该系统拥有断电数据保持记忆功能，能够断电重启后自动恢复数据，可以实现全自动智能运行。采用 WinCE5.0 嵌入式操作系统。显示面板采用 1 块彩色高清触摸屏（型号：ITCW57，分辨率：1 024×600），能够在线设定或修改温、湿度数值，达到操作简捷和智能控制的目的（图 9-2）。考虑到控制器需有良好的人机交互界面、强大的数据库功能以及缩短开发时间和降低开发难度，以及体积、成本等因素，嵌入式控制器配备 32 位 64M 的 SDRAM、64M 的 NAND Flash 以及 4×4 矩阵键盘。控制器预留 USB 接口、以太网接口、SD/MMC 接口，为将来控制器功能扩展提供条件。

图 9-2　变频调速控制器结构图

　　系统前向通道主要由检测烤房温、湿度变化的温度传感器；检测排湿窗开度大小的角度传感器以及检测鼓风机电机旋转速度的霍尔传感器组成。温度传感器选用金属密封单总线 DS18B20 传感器，与 ARM9 的 GPIO 直接相连，按照相应时序进行操作就可以读写及配置挂接在单总线上的各个温度传感器。角度传感器选用旋转电阻角度传感器，用电阻值的大小表征角度的大小，误差±1℃。对电阻两端加＋5V 电压，则在其量程范围内输出 0～5V 模拟电压信号变化。利用 ARM9 内置 A/D 转换接口进行电压值的采样、转换以及存储。本系统在鼓风机叶片上加装磁钢，通过霍尔传感器记录在一定时间间隔内脉冲个数，以此作为鼓风机旋转速度的依据。具体是在一定时间间隔内利用 ARM9 外部中断口对霍尔传感器输入电平进行计数，将所计数值处理后存储使用。

　　后向通道主要经过 D/A 转换，以及信号功率放大后驱动执行机构进行相应动作。本系统中执行机构主要为电机，即实现各类电机的启动停止、调速乃至正反转。

　　在电路中加入电流检测和电压检测功能，由变频调速控制器电路板处理高压大电流电路，实现对生物质供热装置电机变频调速包括电机过压、过流、过热及缺相进行保护。根据烤房内温度传感器探知温度，温度不能满足烟叶烘烤需要时，通过 RS485 接口向变频器发送命令调节供热系统的转速。

第二节　软件程序的开发

　　软件设计主要包含以下的三个部分：前、后向通道设备的驱动程序；控制算法的实现；数据库的读写操作。

　　前、后向通道设备的驱动程序主要涉及嵌入式 GPIO、A/D、中断控制等方面。程序实现方法较为常规，在此不作赘述。为了便于控制算法在嵌入式硬件上的实现以及加快算法的运算速度，采用了增量式模糊自适应 PID 控制算法。针对复杂多变的控制环境，固定比例微积分参数的控制系统适应环境能力不强，采用可变参数的自适应 PID 控制算法可以根据控制环境的改变，相应作出一些调整以适应控制的需求。可变参数的获得是通过模糊控制实现的，模糊控制器根据对象偏差以及偏差变化率的情况，根据模糊控制规则作出模糊推理，进而将获得的模糊推理清晰化后获得控制量。对于数据库，在 WinCE 平台下可以利用 XML 替代 Embedded SQL 作为简易的数据库。该部分程序采用 Visual Studio2005 平台下 VB. NET 语言开发。XML 文件主要存放有烘烤烟叶的工艺流程，PID 控制器初值，模糊控制器论域范围、比例量化因子取值以及推理规则程序控制上采用 PLC 编程，内部存储执行逻辑运算、顺序控制、定时、计数和算术运算等操作的指令，并通过数字式、模拟式的输入和输出。同时利用 EM235 模拟量扩展模块，添加无线数据连接实现远程监控和信息共享。控制系统的工作流程见图 9-3。

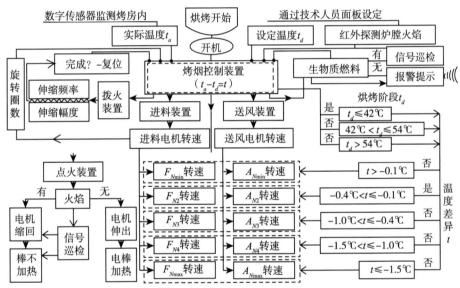

注："•"信号输入方向，"◄"信号控制输出方向，"<"单片机识别或计算方向。

图 9-3 控制系统的工作流程

控制装置的信号输入端连接红外探测器和烤房内的温、湿度传感器，信号控制端连接进料电机、助燃风机、拨火电机、点火电机，供热中依靠机械替代人工完成点火、量化燃料的添加和清灰等劳动操作。烤烟控制装置通过识别设定温度 t_d 值后判断烟叶所处的烘烤阶段，然后根据烤房装烟室内实际温度 t_a 与目标温度 t_d 的差值 t 控制同步信号的 $F_x \Leftrightarrow A_x$ 运转供热。被执行的 5 个 x 转速挡位值分别与 $t \leqslant -1.5℃$、$-1.5℃ < t \leqslant -1.0℃$、$-1.0℃ <$

$t\leqslant-0.4℃$、$-0.4℃<t\leqslant-0.1℃$ 和 $t>-0.1℃$ 对应。低于目标温度差异越大，自动切换挡位后进料和供风电机的 $F_x\Leftrightarrow A_x$ 转速越快，热量功率输出也越大。$t>-0.1℃$ 为 $F_{Nmin}\Leftrightarrow A_{Nmin}$ 转速最小挡位，设置的进料量不但为了维持炉膛内燃火，降低点火装置引燃次数，持续的吹风还能减少高温炉膛对通风室内传动部件的损坏。

在烟叶烘烤过程中，当红外探测器探测到炉膛内火焰熄灭时，系统会再次启动点火装置重新点火，反之点火装置回归到初始状态；料箱内安装的红外传感器探测到缺少生物质燃烧时，采取喇叭报警的方式提示；拨火棒工作的频率和幅度关联进料电机旋转的圈数，也受烤烟控制装置的控制。

第十章　常见清洁能源烤烟供热的经济效益分析

为了摸清楚目前清洁能源供热的基础参数，结合试验试点存在的热泵密集烤房，进行了热泵、天然气、醇基燃料和生物质燃料与燃煤烤房分析对比，为烟区清洁能源烟叶烘烤供热提供参考。

第一节　合理的假设条件

以传统燃煤作为一项供热处理，不同供热设备在其使用寿命期内，参考烘烤环节的各项经济因素，采用参考文献对烟草供热设备折合到烘烤单炕烟叶烘烤费用 C，综合对比经济效益。因数据收集地域跨度较大，取统计数据的中间值。

$$C = (P - W)/b + D/b + L + C_t$$

式中，P 为设备购置、安装和配套的费用，元/台；W 为设备报废后回收价格，元/台，在供热设备寿命期内，按照"单次 4 片，5 次采收"的采收方式进行计算；b 为所能烘烤烟叶的总炕次；D 为设备的维修费，设备均采用现代成熟的机电技术，按照购买价格的 10% 分摊计算，元/台；L 为每座密集烤房每炕烟叶的烘烤操作用工费用，元/炕；C_t 为烘烤每炕烟叶消耗燃料的费用，元/炕。

每炕烟叶选择有代表性的 10 竿标记，挂在每座试验烤房的中棚中间位置，待烘烤结束进行分级，分级的标准是 GB 2635—1992。

第二节　烤烟应用经济效益分析

一、不同燃料类型能源的烤房 20 座为单位改造成本

烤烟不同供热设备的更换涉及单体设备、电力配备和土建改造成本

（表 10-1），不同能源类型设备技术参数和设备单体价位等差别较大。几种烤房的改造成本热泵较高，热泵烤房因为需求电能较大，而原有的集群燃煤密集烤房所用的线路及变压器一般都达不到要求，需要对原有用电线路及变压器进行升级改造，根据地区不同，覆盖密集烤房集群大小，造价不等，平均一套 2.0 万元左右，对于电源不能正常保证的烟区，还需另配发电机，不建议推广；醇基燃料需要配备液体燃料储存罐一个，管路的 20 座烘烤集群，加上管道、建筑设施折合每座造价 1.2 万～1.5 万元。天然气需要配套燃气罐 20 个及连接软管。生物质炉子如果是外置式的不需要额外的配备，内置式的需要对烤房加热室外墙进行部分拆除重建，造价 2 000 元。

表 10-1 不同能源类型的设备改造及配套费用

能源类别	设备单价 （万元/台）	每座（套）电力或 动力配备（kW）	配套费用 （万元）
空气源热泵设备	4.00～6.00	10	2 000
生物质燃料设备	0.98～1.30	2.3	2 000
醇基燃料设备	1.10～1.35	2.3	1.20～1.50
天然气燃料设备	1.2～1.3	2.3	2 000
燃煤设备	0.95～1.05	2.3	2 000

二、每千克干烟叶烘烤能耗成本

表 10-2 显示不同能源供热的烘烤用能成本，煤炭作为基础燃料类型，购买价格低于其他燃料；受原料加工来源、运输和生产规模影响，生物质成型颗粒燃料目前市场价格在 800～1 100 元/t；醇基燃料在不同地区采购价格浮动较大，纯度 99.90% 一般都在 2 800 元/t 左右，每炕烟叶使用500～550kg。在电能利用上，电价在不同区域使用，差异也较大，生物质烤房及醇基烤房由于添加了加料设备及电动设备，用电比燃煤密集烤房略高。热泵烤房用电作为能源供热，远大于其他烤房用电量。天然气每炕烟叶需要 300～350kg，综合能耗比较平均到每千克干烟叶烘烤耗能成本，热泵比其他烤房要低，天然气燃料烤房最高醇基燃料烤房能源成本高于其他烤房，每一炕烘烤烟叶的烘烤成本显示天然气＞醇基燃料＞燃煤＞生物质＞空气源热泵。

表 10 - 2 不同能源类型供热的烘烤能耗

能源类别	1kg 干烟用电（kW·h）	电价 [元/(kW·h)]	1kg 干烟用燃料（m³、kg/kg）	燃料价格（元/kg）	每千克干烟烘烤成本（元/kg）	炕均成本（元/炕）
空气源热泵设备	2.3	0.65	—	—	1.4	864
生物质燃料设备	0.55	0.65	1.8	1.1	1.4～1.9	980
醇基燃料设备	0.55	0.65	1.2	3.2	2.8	1 580
天然气燃料设备	0.6	0.65 -	0.5	7	3.2	1 740
燃煤设备	0.45	0.65	1.6	0.9	1.6	780

三、烘烤过程中操作的劳动成本

表 10 - 3 显示不同热源的单座密集烤房每一炕烟叶烘烤人工操作成本。空气源热泵和醇基燃料供热烤房可利用烤烟控制仪采取专业化烘烤，省去添加燃料环节的人工操作；生物质烤房虽然可实现自动加料，但有检查料筒添加燃料的操作，管理数量比醇基烤房要低一些。按照白班和夜班烘烤习惯，搭配两人能够管理烤房数量的最大水平，烘烤用工成本以热泵烤房最少，为燃煤密集烤房的 1/4 左右，空气源热泵、天然气和醇基燃料密集烤房烘烤人工成本也远小于燃煤的人工成本。

表 10 - 3 每一炕烟叶的烘烤人工操作成本

能源类别	每两人可操作烤房的数量（座）	炕均烘烤用工（个）	用工成本（元/个）	炕均成本（元/炕）
空气源热泵设备	20	0.7	150	105
生物质燃料设备	15	0.9	150	135
醇基燃料设备	20	0.7	150	105
天然气燃料设备	20	0.7	150	105
燃煤设备	6	2.3	150	345

四、对烘烤过程工艺参数和烘烤效果的影响

通过对比分析文献，得到不同能源烤房热量供给对烘烤过程工艺参数和烘烤效果的影响（表 10 - 4）。不同类型的燃料供热不仅对烘烤过程中烟叶

的升温和稳温产生影响，也对烤后烟质量产生了一定影响。三类清洁能源供热设备的烤房内稳温和升温性能均好于燃煤，烤后烟叶质量好坏显示出：空气源热泵＞生物质＞醇基燃料＞燃煤。

表 10-4　烘烤过程中热量供给性能和烘烤效果

空载升温速率	稳温能力	烤后烟均价	依据
生物质＞空气源热泵＞醇基燃料＝天然气＞燃煤	空气源热泵＞生物质＝醇基燃料＝天然气＞燃煤	空气源热泵＞生物质＞天然气＞醇基燃料＞燃煤	试验点分级人员分级

五、经济运行参数的评估

综合经济烘烤参数是影响不同能源类型推广的重要因素，表 10-5 显示不同能源类型供热设备的综合烘烤费用。在排除烟叶的烘烤效果受人为影响较大因素外，在不同能源供热设备使用的寿命内，各类能源折合到的单炕烘烤投入和使用的经济效益对比为：醇基燃料设备＞天然气设备＞空气源热泵设备＞燃煤设备＞生物质设备，可见生物质成型颗粒燃料是目前代替燃煤烤烟供热的最佳能源，空气源热泵烤烟供热可作为备用能源。

表 10-5　不同供热设备单座烤房单炕综合效益分析

	空气源热泵设备	生物质燃料设备	醇基燃料设备	天然气设备	燃煤设备
设备价格（万元）	6.00	1.39	2.58	1.35	1.25
设备寿命（年）	12	10	10	10	10
寿命内烘烤次数（次）	60	50	50	50	50
设备的回收价格（元）	3 510	350	300	300	300
单炕人工操作费用（元）	65	95	80	80	230
每一炕烘烤能耗（元）	864	880	1 580	1 740	780
合计设备单炉投入（元）	2 011	1 347	2 247	2 136	1 374

第三节　综合效益分析

一、不同能源类型对烟叶烘烤效果的影响

不同能源类型的燃烧特征、放热方式、进料方式和释放速率的不同，不仅改变了传统燃煤烤烟的热量供给方式，也改变了烤烟自控仪在输出控制信号上的控制设定，这样不仅影响到烘烤过程中升温速率，也影响到烤房内空间的稳温能力。在烟叶烘烤过程中由于不同热源温度稳定性释放能力不一样，势必影响到叶片内物质分解与合成，因而不同能源类型烤烟供热产生不同的烘烤效果。

二、智能控制装置对降工的影响

随着我国经济的发展，近两年用工费用占烟叶生产成本急剧上升。受种植规模的影响，目前我国一般在种植面积 30 亩以内种烟农户，大部分为家庭自烤；40 亩以上规模会聘请烘烤师，平均两人能管理五个烤房，"白十黑"地替换加煤、压火、剔渣等人工操作。新能源采用工业上成熟的机电技术，免去了传统燃煤燃料添加与控制温度相互挂钩的操作，20 座的集群一般配置一个烘烤师，一个副手，主要根据烘烤的进程观察烟叶变化，大幅度降低了烘烤用工，烘烤技术人员可以把主要精力集中到烘烤工艺的把控上，通过识别烟叶在烤房内的变化设置并调控各个密集烤房的温湿度和时间节点，不仅有利于提高工厂化操作水平，也有利于提高烟叶的烘烤质量，增加烟农的收入。

三、生物质燃料未来烤烟供热的潜力

生物质燃料烤房比燃煤烤房在能源使用成本中相差不大，在环保方面，其烟尘、SO_2 排放量仅为燃煤烤房的 1%～2%，相比其他新能源仍有硫、氮氧化物及部分烟尘排放，在定色期之后需要往料筒添加燃料的频率较高。其优点是改造成本较低，投入少；可以使用农业废弃物，比如实现烟杆循环利用，如果通过当地烟农合作社等组织形式实现本地投入生产生物质燃料，能够进一步降低 20%～30% 的能源成本。

结　　论

　　以 20 座为基础的密集烤房群上实施清洁能源与传统燃煤烤烟对比，在烤烟供热设备使用的寿命内，分析其采购、改建、配套设施、每千克干烟烘烤物化成本和烘烤人力成本，得出目前可替代燃煤烤烟供热的清洁能源类型中，生物质成型颗粒燃料是最佳的燃煤替代能源；对于在生物质燃料缺乏的烟区，有电力保障的情况下，空气源热泵是烤烟供热较为理想的后备方式。天然气和醇基燃料供热设备单位炕次使用成本偏高，按照当前的经济发展水平，仅限于这两种燃料较为便宜的地区推广，不适合在国内烟区大面积推广。

参 考 文 献

陈忠加，俞国胜，王青宇，等 . 2015. 柱塞式平模生物质成型机设计与试验 [J]. 农业工程学报，31（19）：31 - 38.

郭大仰，刘尚钱，肖志新，等 . 2016. 不同替代能源密集烤房烟叶烘烤效能对比研究 [J]. 安徽农业科学，44（33）：99 - 102.

国家烟草专卖局 . 2009. 密集烤房技术规范 [S].

李兆坚 . 2007. 我国城镇住宅空调生命周期能耗与资源消耗研究 [D]. 北京：清华大学 .

李峥，谭方利，宋朝鹏，等 . 2018. 不同能源密集烤房经济效益动态评估及敏感性分析 [J]. 河南农业大学学报，52（10）：677 - 702.

任重 . 2017. 山东省烟叶家庭农场运行机制与效率研究 [D]. 泰安：山东农业大学 .

谭方利，邱坤，杨鹏，等 . 2018. 新型能源在烟叶烘烤中应用前景和效果分析 [J]. 天津农业科学，24（1）：59 - 63.

徐成龙，苏家恩，张颖辉，等 . 2015. 不同能源类型密集烤房烘烤效果对比研究 [J]. 安徽农业科学，43（2）：264 - 266.

徐云，何德意，杨正权，等 . 2013. 节能型智能电热密集烤烟房将推动中国烟草低碳快速发展步伐 [C]. 2013 中国环境科学学会学术年会 .

杨飞，张霞，刘芮，等 . 2017. 生物质颗粒燃料燃烧机的烟草烘烤试验研究 [J]. 云南农业大学学报（自然科学），32（5）：912 - 919.

张志高，秦言敏，张友武，等 . 2019. 不同类型新能源烤房比较研究 [J]. 现代农业科技

（4）：141 - 143，145.

赵新帅，罗会龙，祁志敏 . 2019. 生物质颗粒燃料密集烤房与燃煤型密集烤房性能对比研究 ［J］. 昆明理工大学学报（自然科学版），44（2）：69 - 74.

Bortolini M，Gamberi M，Mora C，et al. 2019. Greening the tobacco flue‐curing process using biomass energy：a feasibility study for the flue‐cured Virginia type in Italy ［J］. International Journal of Green Energy，16（14）：1220 - 1229.

Condorí M，Albesa F，Altobelli F，et al. 2020. Image processing for monitoring of the cured tobacco process in a bulk‐curing stove ［J］. Computers and Electronics in Agriculture，https：//doi. org/10. 101 6/j. compag. 2019. 105113 .

Gesit H J，Chang K，Etgesc V，et al. 2009. Tobacco growers at the crossroads：Towards a comparison of diversification and ecosystem impacts ［J］. Land Use Policy（26）：1066 - 1079.

Wang L T，Cheng B，Li Z Z，et al. 2017. Intelligent tobacco flue‐curing method based on leaf texture feature analysis ［J］. OPTIK（150）：117 - 130.

第十一章　烟用生物质成型颗粒燃料 组织生产的实践

第一节　生物质燃料生产方式

生物质能源被认为是全球继石油、煤炭、天然气之后的第四大能源。每年地球陆生植物经光合作用生成的生物质能约为全球能耗的 3～8 倍，地球上只要有太阳光和植物，光合作用就不断发生，能的转化就持续进行，故它是可再生能源。目前，全球生物质成型燃料产量每年约 3 000 万 t，部分国家如瑞典生物质成型燃料供热约占供热能源消费总量的 70%。截至 2016 年，我国生物质成型燃料年利用量约 800 万 t，处于规模化发展初期。"十三五"期间，我国将发展清洁低碳能源作为能源结构调整的主攻方向，清洁低碳能源将是"十三五"期间能源供应增量的主体，末期实现生物质成型颗粒燃料年产 3 000 万 t 的目标，因此生物质燃料具有广阔的发展前景。

然而，我国烤烟专用成型燃料的产业发展仍面临着对其清洁能源属性缺乏科学共识、缺少成功的商业模式、产业的组织管理体系有待改善等关键问题，导致产业发展相对缓慢。尤其烟草烘烤供热更不同于工业和其他农产品加工供热，具有需求量大、高耗能和时效性等问题。因此，迫切需要对这些关键问题开展实际的生产尝试。

一、烤烟环节的生物质循环利用

农林废弃物包括烟秆回收后，经过粉碎控制物料水分，使用专用的挤压设备造粒成型后即可作为烤烟的燃料（图 11-1）。烟草是一种喜钾的作物，使用专门的生物质成型颗粒燃料燃烧后产生含钾量 6%～12% 的草木灰，可以作为底肥或追肥直接施用于烟田，实现中和的碳循环。

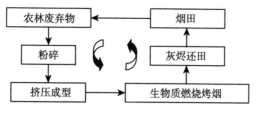

图 11-1 燃料组织生产及其相互关系

二、烤烟生物质成型燃料的基本物理特性

生物质成型燃料是在一定温度和压力下，将松散的农林业固体生物质原料压缩成棒状、块状或颗粒状的高密度燃料，这一物理压缩过程没有改变生物质的化学性质。成型燃料的主要规格是颗粒棒状直径 8～12mm 的圆柱体，长度 10～50mm。颗粒状生物质成型燃料质量密度一般 $\geqslant 1\,000kg/m^3$，低位发热量在 13 980～18 372kJ/kg。

三、整体生物质组织流程

根据生物质原料分散的情况，生物质颗粒成型燃料的最佳的组织方式见图 11-2。收集田间基本干燥的生物质原料，通过简单晾晒到达初产品粉碎的水分要求，粉碎后运输转入原料初产品仓库等待加工成成品燃料，对于在田间地头或是原料集中点已经干燥的生物质原料直接使用移动式粉碎机粉碎，经车辆周转到原料初产品仓库中等待加工成成品燃料。同时，为了避免生物质原料由于季节性导致的短缺，理应在收获期间进行农业废弃物的大量存储以备非收获期的供应，但由于其易腐烂的特点，大量存储又会导致过多的浪费，因而两种特点在生物质原料的存储上存在矛盾，需要适宜的存储条件和适当的存储量来达到平衡。为应对生物质原料的季节性问题，也可以通过收购其他生物质原料补充，在非收获期出现农业废弃物和能源作物的短缺时，加大对森林废弃物等其他生物质原料的收购。种类多的特点也能够更好地满足生物质原料的热值配比要求。对于生物质原料的保存问题，Rentizelas 等对比分析棉秆和杏树枝两种生物质原料的三种存储方式（通过热风注入进行原料干燥的闭合仓库、没有干燥设备的覆盖式存储、塑料薄膜覆盖），考虑仓库构建成本和原料损失率两种因素，得出室温储存方式供应链整体成本最低。

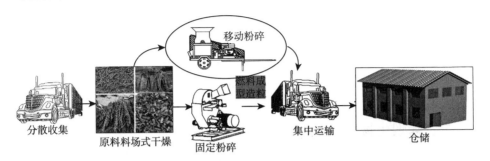

图 11-2　生物质颗粒燃料组织生产及其相互关系

第二节　生物质燃料生产实践

一、生物质原料的组织收集

从田间把烟秆拔出后整齐堆码到空旷的露天场地（图 11-3），在烟秆集中堆放地装车后运输到生物质粉碎地点，两者之间的距离大约为 15km。为了节约生产成本，水分的干燥依靠露天季节性蒸发。在烟秆的含水量 18% 左右时，集中装车运输到生物质原料集中地点，经初步粉碎后进行颗粒成型造粒。

图 11-3　生物质原料烟秆的集中场地

1. 装车环节

按照 2 个人负责一辆农用车的装载原则，每人工作 8h 为一个劳动用工，雇用 4 个身体健康装车人（图 11-4）。除去车辆来回运输的时间，受冬季光照的影响，工作的最佳时间为 8：30～16：30，4 个人能装载 16 车烟秆。每个劳动用工 120 元/日，劳动用工费用为 600 元。晾晒场地为农业荒滩荒地，为政府指定地点，季节性堆放不考虑收费。

图 11-4 烟秆装车

2. 运输环节

租用两辆农用车，每辆农用车装载烟秆的重量大约 560kg。每辆车每天能够运输 4 趟，两辆车每天共运输 16 趟（图 11-5），合计烟秆量 9t。农用柴油价格 5.62 元/L，油耗大约 51.2L。这里不考虑农机具的折旧。

图 11-5 烟秆运输

3. 称重

为了量化收集的生物质原料的量，对每车烟秆进行称重并记录（图 11 - 6）。卸车需要使用 2 人，每人每天的工资 120 元。

图 11 - 6　烟秆称重

4. 粉碎前水分干燥控制

200m² 简易钢骨架防雨彩棚作为未粉碎烟秆原料存放场地（图 11 - 7）。为了利用冬季干燥的空气自然干燥收集来的烟秆，存放采用凌乱方式堆积，便于利用空隙空气充分吸收烟秆中的水分。简易敞篷的折旧费按照 3 元/t 计算。

图 11 - 7　烟秆原料集中场地

二、整体生物质成型颗粒生产流程

1. 粉碎

经过冬季干燥的烟秆，当含水量为 16％时，采用 55kW 集揉切和粉碎为一体的粉碎机，把烟秆粉碎成 5mm 颗粒物，经过扬尘干燥后控制水分在 15％左右。粉碎后原料用压模生物质颗粒造粒机生产燃料（图 11-8）。每吨粉碎的费用耗电量为 27kW·h，电价按照 0.56 元/kW·h，生物质原料粉碎费用为 15 元/t；设备的折旧费按照 5 元/t 计。生物质粉碎环节需要 2 人，劳动量较大，按照每天每人 150 元计算，每天能够粉碎 10t 原料，粉碎机的折旧费为 5 元/t。

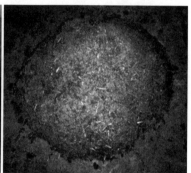

图 11-8　粉碎设备及粉碎后的烟秆

2. 采用专用的沙克龙除尘器

由内外两个圆筒、圆锥筒以及进气口、排灰口所组成。粉碎后产生的微尘以较高的速度沿外圆筒上部的进气口切向进入后，在内、外圆筒之间和锥体部位作自上而下的螺旋形高速旋转。在旋转中，尘粒在较大离心力的作用下被甩到外圆筒内壁并与壁面碰撞、摩擦而逐渐失去速度，然后在重力作下，沿着筒壁降落到锥体部分，后由底部排灰口排出后转运到粉碎料堆中。由于设备正常使用下没有易耗品产生，只存在设备的折旧费，这里按照 5 元/t 计。

3. 挤压造粒

经过滚筒干燥器干燥控制水分在 14％～16％，利用环膜造粒机生产出 8～12mm 粒径长，30～50mm 长的棒状颗粒燃料。目前国内生产环模造粒的厂家主要分布在山东、河南，国家烟草专卖局要求的6～12mm粒径的压膜设备可根据客户的需要对膜孔进行调整。

采用一台小型环模生物质成型颗粒设备（图11-9），其工作效率为0.8～1.2t/h，挤压造型的用电量约160kW·h/t，费用为90元。每生产2 000t需要更换环模，折旧费用为20元/t。需要一人辅助原料上机，按照160元/天计。

图11-9 生物质成型燃料挤压造粒

4. 挤压造粒

其他常规配套设施如传送履带、帆布输送机、自动打包秤、围栏和场地防雨棚的投入折旧费，按照5元/t计。

三、包装及仓储环节

生物质燃料经过网状冷却成品仓（依靠外界空气自然冷却）冷却机把近90℃的颗粒燃料冷却后，使用包装机密封装袋。成型颗粒燃料经过冷却后即可封装并放入仓库等待出售（图11-10）。本环节涉及网状冷却成品仓、包装费、人工费和仓储费用。本环节投入的人工费用为2人，每人每天按160元计算，按照一天造粒机生产9t的能力，需要支付360元人工费。封装25kg的袋子每个需要0.2元，每吨需要4元；仓储需要密封的仓库，按照农村市场租赁0.5元t/日，周转周期为60天计算，仓储费用为30元/t。

图 11-10　包装及储存环节

四、生物质燃料生产的费用分析

表 11-1 显示生物质成型颗粒燃料每吨燃料的生产费用为 384 元。抛去原料收购的费用，在收集、粉碎、造粒和包装仓储的几个重要生产环节中，收集环节和粉碎环节分别占总费用的 30％和 35％。从具体费用上分析，人工费用所占比例最大，为 44％，其中收集环节的劳动费用占总人工费用的 47％；能耗排列第二，为 36％，其余如设备的折旧、仓储等费用约占 18％。

表 11-1　每吨生物质成型颗粒燃料费用明细

单位：元/t

项目		金额	备注
收集环节	装车人工费	53	青壮劳动力
	卸车费用	27	青壮劳动力
	燃油	32	柴油
	简易敞篷折旧	3	收集后原料集中点
粉碎环节	人工费用	30	青壮劳动力
	耗电	15	粉碎机
	粉碎机折旧费	8	叶片磨损
	沙克龙折旧费	4	简易除尘
造粒环节	人工费	20	辅助传送带运转
	造粒电费	82	
	造粒机折旧费	20	环膜磨损
	其他辅助动力设备	8	输送
	皮带输送机折旧费	3	皮带齿轮磨损

（续）

	项目	金额	备注
包装环节	包装费用	4	尼龙编织袋
	人工费用	40	辅助机械
	动力耗电费用	5	皮带输送
	仓储费用	30	封闭仓库
	合计	384	未含生物质原料的成本费

通过生产实践验证，抛去原料收购的费用，每吨生物质成型颗粒燃料的生产费用为 384 元。生物质成型颗粒燃料的生产接近于工业生产，需要匹配青壮年劳动力，受安全隐患和劳动强度的限制，青少年和超过 60 岁以上的人员不适宜于参与生产。为取得最佳的粉碎效果，不同类型的生物质原料在粉碎过程中需要配备合适的粉碎机。

类似于工程的生物质燃料加工场所空间有限和人力的限制，按照当前的规模和现状，结合关键的①、②、③和④链条关系，烤烟用生物质燃料的生产利润分成两部分：第一部分为收集粉碎环节，第二部分为生物质燃料生产环节。第一部分为第二部提供颗粒燃料生产原料，第二部分负责生产和销售生物质燃料烤烟。

第三节　小型生物质颗粒燃料生产设备参数

通过上述生物质燃料生产的尝试，结合调研分析得出，生物质燃料成熟的生产流程见图 11-11。整个过程分为 4 个环节，涉及粉碎、烘干、造粒、冷却、封装和传送装置。最关键的环节为粉碎、造粒和封装三个环节。

一、所需设备名称及参数

围绕着生物质成型颗粒燃料的烤烟供热，表 11-2 显示涉及关键生产技术的生产设备技术参数，26 种不同类型的设备，总功率在 165kW·h，生产 1t 生物质成型颗粒燃料耗电量为 165~200kW。其他电控设备控制面为模拟屏，电器原件均为国标产品，操作简单。辅助设施包括所有设备的土建地基

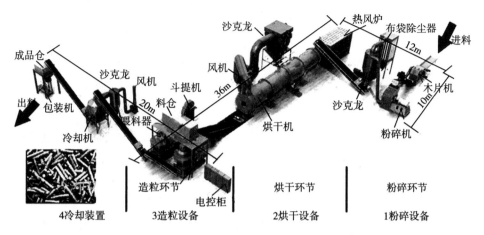

图 11-11 生物质成型颗粒燃料生产流程图

及沟槽、预埋板等建设。

表 11-2 成熟定型的小型生物质燃料生产关键技术参数

序号	名称	型号	数量	输出功率（kW）	备注
1	原料皮带输送机	0.6×6m	1	2.20	人字皮带，头轮覆胶
2	强磁吸盘	φ300×50mm	—		高强磁，除铁效果佳
3	粉碎机	TYFS6680	1	55.00	粉揉碎结合真空熔结锤片表面硬化锤销
4	关风器	TGF-60	1	3.00	闭风效果佳
5	沙克龙	0.6×3m	1	—	含简易除尘
6	卸料器	Φ1 000	1	—	壳体是 A3 钢，带 800×800 灰箱
7	粉碎除尘风机	4-72NO4.5A	1	7.50	标准产品
8	成品皮带输送机	0.6×6m	1	2.20	调速控制，人字输送机
9	缓冲料斗	1.5×2×2m	1		3mmA3 板制作
10	上料蛟龙	u300×7m	1	2.20	调速控制，螺旋输送
11	裙边带输送机	W600×9	1	2.20	裙边高 70mm，挡板 200mm 一格
12	降温风机	4-72N06a	1	3.00	国家标准产品
13	卸料器	Φ800mm	1	—	壳体是 A3 钢，带 800×800mm 灰箱
14	简易除尘器	JYCC-6	1	—	3mmA3 板制作 250mm×3 000mm 布袋

（续）

序号	名称	型号	数量	输出功率（kW）	备注
15	制粒机	TYZL420	1	75.00	单机时产 0.8～1.2t，主电机为 90kW 八级电机，轴承为 NSK 原装进口，主轴、空轴、齿轴、大齿轮均为锻件，门盖为不锈钢材质，箱体为球墨铸铁，油封为氟胶耐磨高温，配套磨具材质为 4Cr13
16	冷却器	SKLB6	1	1.50	新型翻板式冷却器，机械式料位器
17	风机	4-72N06C	1	5.50	国家标准产品
18	卸料器	Φ800	1	—	壳体是 A3 钢，材料为国标产品
19	关风器	TGF25	1	1.50	闭风严密
20	简易除尘器	JYCC-12	1	—	3mmA3 板制作 250mm×3 000mm 布袋
21	振动筛	SFJZ125	1	0.74	双震动电机，除粉料效果佳
22	回料绞龙输送机	TLSS20	1	1.50	变螺距输送
23	裙边带输送机	W600	1	3.00	裙边高 70mm，挡板 200mm 一格
24	产品冷却成品仓	20m³	1	—	周边钢丝网封边，自然冷却
25	自动打包秤	SZD-40	1	0.55	自动卸料，标准包装，包装重量可调节
26	帆布输送机	SKY-350	1	0.75	自动缝纫

二、定型的生物质燃料操作方法

1. 收集环节

控制生产生物质原料的含水量在 20％以下是技术关键，受场地的限制，严禁收集含水量在 30％以上的物料，以防堆放发热腐烂或产生霉变。

2. 粉碎环节

不同的物料化学结构不同，实践中使用的烟秆、玉米秸秆和苹果树枝纤维素的含量和构造会影响物料的粉碎效果，实践发现不存在一种粉碎机都能很好地把各类物料粉碎好，因此为了到达最佳的粉碎效果，不同的物料应该配备相应的粉碎机。

3. 造粒机

生物质燃料的成型技术有螺杆压机、机械冲压、液压活塞驱动和电热螺旋杆等，目前国内外普遍采用环模造粒生产生物质成型颗粒燃料。在 20 世纪 60 年代我国从英国 UMT 公司引进第一台制粒机，通过消化，70 年代研制出了第一台环模颗粒机。之后随着造粒机行业的发展，国内一些科研院所和高校也积极参与环模制粒机的设计、研制以及改进，生物质造粒机的机械性能和适应性不断提高。目前部分指标已达到或接近国际先进水平，但总体技术水平与国际先进水平相比还有较大差距，尤其是环模和压辊等核心零部件材料技术、表面热处理技术、模孔形状优化技术等方面还需要继续研究和提升。关键零部件可靠性与瑞士 UHLER、美国 CPM、奥地利 Andritz、德国 MUNCH 和丹麦 Sprout - Matador 等国外高端品牌相比差距甚远。例如，国内闭环模和压辊的使用寿命相对较短，一般加工 1 000t 左右就需要更换，容易导致停工维修，更换频率较高，使造粒机使用成本居高不下。在外汇可行的情况下，建议采购欧盟生产的造粒机。

参 考 文 献

国家烟草专卖局 . 2009. 密集烤房技术规范（试行）修订版 [S].

王行，邱妙文，柯油松，等 . 2010. 砖混二次配热密集烤房设计与应用 [J]. 中国烟草学报，16 (5)：39 - 43.

张亚平，杨秀华，何胤，等 . 2019. 高温工作型红外探测器杜瓦漏热分析与测试 [J]. 真空，56 (3)：60 - 65.

第十二章　生物质成型燃料生产组织模式的探讨

秸秆焚烧是造成部分地区大范围集中污染天气过程的元凶之一。传统的农作物秸秆利用方式已经不能充分利用秸秆资源，特别是在经济发达的农村地区，秸秆废弃造成资源的浪费，并且秸秆焚烧现象愈演愈烈。生物质成型颗粒燃料作为一种农业和工业的燃料已经诞生 50 年以上，作为一种涉农燃料产品，随着农产品贸易自由化、农产品产业链网络化进程的加快，从多样化生物质原料收集到最终用户的管理越来越复杂，频繁的短途运输导致了交易成本增加。面对这种新形势，需要立足国情，在生物质燃料生产实践的基础上，利用现有的农林废弃物围绕烤烟生物质成型颗粒燃料的生产组织方式进行探讨。

第一节　烟用生物质燃料生产的特点

一、生物质燃料生产的制约因素

由于生物质原料存在季节性强、堆积密度低、能量密度低、易腐烂变质等特点（图 12-1）。使得生物质原料存储与运输成本偏高，管理效率低，因此制约生物质原料粉碎和水分干燥最大的瓶颈是原料的堆放和晾晒需要占用大面积的场地。

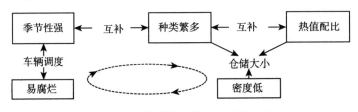

图 12-1　生物质原料特点及其相互关系

经过生物质成型颗粒燃料生产尝试，可以把烤烟用的生物质燃料生产场地分三块：①生物质原料堆积晾晒场地，晾晒场地堆高较大，堆高一般远小于原料粉碎后初产品的高度，大约需要 $40.0m^2$；②原料粉碎后初加工成品的存放场地，每生产 1t 生物质成型颗粒燃料的原料堆积场至少需要 $4.0m^2$；③成型燃料生产后成品的存放场地。按照生物质原料粉碎后堆积密度 $60\sim120kg/m^3$ 计，安全堆高 2.0m。可见通常情况下，利用秸秆进行收集、粉碎、造粒生产生物质成型颗粒燃料的规模不宜超过 200t/年，否则仅仅秸秆初加工后的粉碎物料就无法在仓库保存。

二、生物质燃料在烤烟供热中的特殊性

烟草在我国属于专卖产品，其生产管理模式不同于一般农作物完全市场化的运转，具有自身的特殊性。我国烤烟自 1913 年引进以来，基本上使用煤炭供热烘烤为主，边远山区少数烟农使用木材供热烘烤，方法较为原始，基本上采用直接燃烧供热，与新时代即将大面积推广的智能控制进料的生物质燃烧/气化一体化不能紧密配套。

在烤烟生物质燃料组织生产上，有三种形式，即：开环生产供应、闭环生产供应和开环与闭环联合供应，见图 12-2。开环生产供应能够借助外力供应，预先设定烤烟供热生物质燃料的参数，购买市场上供应的生物质成型颗粒燃料；闭环生产供应主要依靠烟叶专卖体制，依托于烟草公司、烟草种

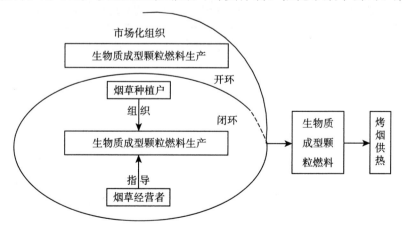

图 12-2　生物质成型颗粒燃料生产供给方式

植户或烟农合作社根据烤烟供热的需求，组织生产生物质燃料，形成闭环下的烤烟单独生产；二者相互结合，各自占一定的比例，联合季节性供应生物质燃料的生产供应称为联合供应。

在烤烟生物质燃料供热推广阶段，单一的开环和闭环燃料都不能保证烤烟的正常生产，二者结合是最佳的燃料供给方式。

三、闭环链条式衔接组织生产方式

借鉴于"农产品供应链模式"从农业生产者到相关企业流程，不得不考虑建立某种程度的供应链协调来解决问题，见图12-3。严格地说，这幅图还存在模糊之处，但是仍涉及影响烤烟加工的主要环节，如原料配比、成型燃料冷却、包装和库存等，本书认为不重要的环节不予考虑。

从农林废弃物的大类到生物质燃料在烤房供热设备内燃烧烤烟，中间涉及选择原料的锁定、收集运输、粉碎初加工和燃料生产等影响生物质燃料烤烟供热推广的环节。

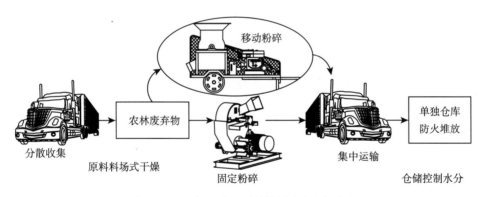

图12-3　生物成型颗粒燃料生产组织流程

第二节　烟用生物质燃料生产组织探讨

理论上所有农林废弃物都能用来生产生物质成型颗粒燃料，即可为农业或供热提供燃烧热量，然而对于烤烟对热量较为集中的供热需求，在每座密集烤房每炕 $120\sim140h$ 内 1×10^7kJ 烘烤供热量的条件下，在国家烟草局418号文件对密集烤房规范的框架内，需要针对现存的生物质原料有目标地选定。依据项目开展过程中的认知，目标生物质原料可以分为三类：第一类，各类木材加工产生的锯末；第二类，含木质素较高的作物秸秆，如棉花秆、大豆秆、辣椒秆、烟秆和芝麻秆等；第三类，其他农林产品加工副产品如树皮、树枝、花生壳，而大类农作物如小麦秸秆和玉米秸秆，在目前场地比较紧张的条件下，不适合大批量生产烤烟用的生物质成型颗粒燃料。

由于各个环节在实践中往往会出现脱节现象，本研究生物质燃料产业链包含生物质原料的收储运、成型燃料的生产、热能终端烤烟利用等，包含各环节的技术研发和设备制造，受到商业模式、政策机制等因素的影响，采用链条串联进行分析，选择可以操作的生产组织模式。

一、烟用生物质燃料生产的边界关系

图12-4显示了生物质燃料烤烟供热系统研究的边界及相互关系。以烟为主的生物质成型燃料烤烟供热生产系统，首先，生物质成型燃料供应在当

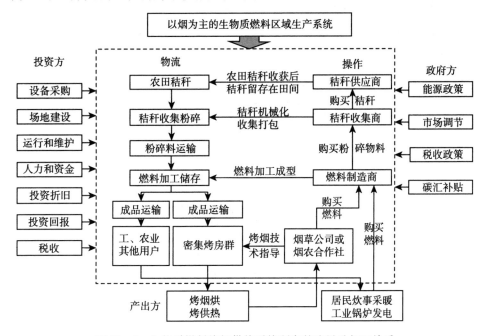

图12-4　生物质燃料烤烟供热系统研究的边界及相互关系

地市场经济条件下，盈利是可持续性发展的必备条件；其次，受烤烟季节性供热的限制，生物质燃料生产厂家因受投资的压力，产品必须提供给周边需热的工农业用户；三是成型燃料供热项目大多是小、远、散项目，政府作为市场监管单位，必须把成型燃料烤烟供热的发展放在优先的位置。

二、合理的假设条件及设定

秸秆的收储运体系建设是秸秆生物质综合利用的基础和保证。从国家促进秸秆综合利用的政策来看，将秸秆收储运体系建设作为秸秆综合利用的重要内容之一，如分别于 2008 年、2015 年、2017 年发布的《关于加快推进农作物秸秆综合利用的意见》《关于进一步加快推进农作物秸秆综合利用和禁烧工作的通知》等政策文件中均涉及秸秆的收储运体系建设。生物质原料收集经济效益与其收集半径密集相关。

1. 为了便于建立生物质原料收集半径与收集方式和经济效益之间关系，对收集半径进行了假设细分（图 12-5）

首先，在以处理工厂为中心 50km 范围内，分别设立 A、B、C、D、E 和 F 间隔 10km 的独立收集区域。其次，以各个圆周线上内外 5km 范围内原料认定为可收集原料。例如，A 区域在 5km 收集半径以内，B 区域的收集区为收集半径 5~15km 区域，以此类推。

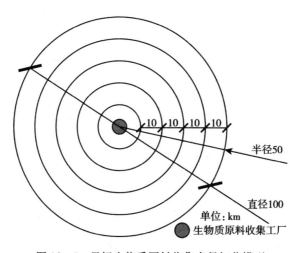

图 12-5 目标生物质原料收集半径细分模型

2. 收集区域内生物质原料单位面积生物产量用下式计算：

$$E = \eta_1 \eta_2 A \beta \cent \qquad (12-1)$$

式中，E 为收集区域内生物质单位面积生物产量；t；η_1 为当年目标生物质原料覆盖率，%；η_2 为谷草比，%；β 为目标生物质原料收集系数；A 为目标生物质原料单位面积产量，t/km^2；$\cent$ 为收集区域内单位面积，km^2。

3. 生物质原料收购标准的制定

利用目标生物质原料主要收购的是生物质的干物质，涉及水分，但不考虑杂质和霉变因素，需要对影响因素进行换算，经过加权平均后，换算公式如下：

$$M = Y \times (1.15 - A) \times (1 - B) \qquad (12-2)$$

式中，M 为目标生物质原料的收购认定价格；Y 为预定烟叶收购价格；A 为水分扣除系数；B 为杂质扣除系数；W 为目标生物质水分含量。

由收购质检人员评定等级后，按照等级选择扣除系数，代入公式计算最终认定收购价格，具体参照表 12-1。

表 12-1　扣除系数

	水分（A）	杂质（B）
1 级	$0.15 \times W$	0
2 级	W	0.1
3 级	$1.2 \times W$	0.25

结合目标生物质原料的特性，在扣除系数表 12-1 中 1 级水分应设定为适合于直接加工生物质成型颗粒燃料的原料，含水量在 16% 以下，2 级按半干生物质原料统计，含水量在 20%～30%，三级按新鲜生物质原料统计，含水量在 30% 以上。扣除系数的水分按同一级别水分的上限。

4. 参与人员薪金及盈利标准

实施了两种收集的方式：以烟农合作社为单位的集体收集方式和烟农个体为单位的个人收集方式。生物质原料是一项季节性较强的工作，个人收集受益的好坏以"日"为单位进行统计，每辆农用车配备 2 个人完成装卸和运输任务。

（1）集体收集。烤烟生物质成型颗粒燃料商品化程度极低，目前属于探讨阶段，没有现行的价格模式可循。根据权衡烟农"单人日获利"I 与"当

地普通人工日薪"y,劳动量与劳动环节暂时按照以下方程式:

$$1.5y \leqslant I \leqslant 2.5y$$

式中,y 为当地普通人工日薪,元/日;I 为受雇佣烟农"单人日获利",元/日。

其中:

$$I = (TWP_1 - 2MLra - TWP_2)/n \qquad (12-3)$$

式中,T 为每车装载生物质原料重量,t/车;W 为每日拉送车次,车/日;P_1 为收集费用,元/t;L 为车耗油量,L/km;a 为柴油市价,元/L;r 为收集半径(山路运输,运输半径按照收集半径的 2 倍计算),km;P_2 为租用农机车集体获利费用及管理费(150 元/t),元/t;n 为每车工作的人数。

(2)个人收集。个人收集指烟农利用自己的农用车自行装卸,从生物质原料的分散地直接拉运至处理厂,或晾晒半干后运输到处理厂,获取销售利润,盈利为收购价与运输价的差异。

$$I = (TEP_1 - 2WLra - TWP_2)/n \qquad (12-4)$$

式中,I 为个体烟农"单人日获利",元/日;T 为每车装载生物质原料重量,t/车;W 为每日拉送车次,车/日;P_1 为收集费用,元/t;L 为车耗油量,L/km;a 为柴(汽)油市价,元/L;r 为收集半径(山路运输,运输半径按照收集半径的 2 倍计算),km;P_2 为农用车折旧的费用(100 元/t),元/t;n 为每车工作的人数。

每个农用车负荷 $T=3t$,需要配备 $n=2$ 个人装卸和运输。河南烟区按 2020 年物价分析,一个普通劳力每日工薪 $y=120 \sim 160$ 元/日。集体收集存在劳资双方雇用关系,受雇用烟农"单人日获利"设定为 $I=160$ 元/日较为合适;个人收集烟农单日获利定为 $I=1$ 元/日较为科学。

三、闭环式生物质原料收集与半径的关系

收集半径与单日运输次数关联,包括每吨烟秆不同半径产生的运输费用,干烟秆收集半径与经济效益分析,收集半径、烟叶含水量及经济效益的分析,收集的模式分析。

1. 收集半径的参数

许漯平烤烟种植区域的烟叶烟田覆盖率为 $\eta_1 = 3\%$;烟秆的覆盖率为

$\eta_2=100\%$；当地按照茎秆：叶＝1：1的比例统计，烟秆折合干物质年产量 $6t/km^2$；烟秆拔出后被收集的概率为90％，烟叶收集系数 $\beta=90\%$。

2. 收购价格的参数

参照当地作物秸秆收购价格，干烟秆认定为1级，收购价格为 $Y=230$ 元/t，根据含水量、杂质和霉变不同设置不同的认定收购价格（表12-2）。

表12-2　烟秆收购价格与水分含量关系

等级	扣除系数	认定收购价格（元/t）
1级	$Y\times(1.15-0.15)$	230
2级	$Y\times(1.15-0.35)$	184
3级	$Y\times(1.15-0.6)$	126.5

3. 收集半径与单日运输次数关联

表12-3显示农用车单日运输次数与收集半径之间的关联性，运输次数随着距离增加而呈现减少的趋势。根据这个规律，如果烟田覆盖率很低的区域，近距离运输受原料总量少而导致运输次数少。

表12-3　收集半径与单日运输次数关系

收集半径（km）	5	10	20	30	40	50
运输次数（次）	8	7	6	5	3	2

4. 每吨烟秆的不同运输半径产生的运输费用

0～50km范围内的收集半径和收集费用之间关系（图12-6）表明，集体收集费用整体高于个人收集费用，每吨高出至少60元以上。当距离超过40km时，集体收集费用出现大幅度上升，达到50km时，每吨的收集费用高于烟秆收集认定收购价格。

四、干烟秆收集半径与经济效益分析

表12-4显示两种收集模式的对比情况。集体收集在由近到远的收集半径内，总体获利呈现先增长后下降的趋势，当收集半径超过40km时，不论是每吨获利还是总体获利都出现了负数。个人收集在收集半径50km均为正值，单人获利在5km区域内收入最高，可以达到1 521.37元/日。参照集体

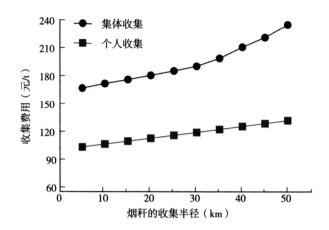

图12-6　集体和个人收集半径与收集费用之间关系

注：农用车的百公里耗油一般为7L柴油，$L=0.07L/km$；柴油的价格按2020年11月统计$a=6.72$元/L。

收集中"单人日获利"标准160元/日分析，当超过50km的收集半径，个人收集的积极性会下降。

表12-4　集体和个人收集半径与经济效益之间关系

运输半径 (km)	烟叶收集 (t)	集体收集		个人收集	
		每吨获利 (元)	总体获利 (元)	每日获利 (元)	单人获利 (元)
5	67.86	63.53	4 311.06	3 042.74	1 521.37
10	203.58	58.49	11 907.09	2 596.29	1 298.14
20	814.30	49.68	40 453.01	2 112.21	1 056.10
30	1 357.17	39.85	54 084.04	1 665.76	832.88
40	1 900.03	19.36	36 777.92	942.21	471.10
50	2 442.90	−4.69	−11 465.35	589.84	294.92

收集半径结合不同级别烟秆的认定收购价格，得到不同级别的烟秆与收集半径之间的效益关系，见图12-7。在同一收集半径内，集体收集与个人收集效益好坏均表现为1级＞2级＞3级。在不同收集半径内，不论是集体收集或是个人收集，直接收集运输不适用鲜烟，都会出现经济效益的负数。

对于2级烟秆的收集，集体收集在任何收集半径情况下经济效益均为负值，仅有个人收集在 50km 范围内能够推行。

在同一收集半径内，收集运输效益好坏表现为干料＞半干料＞鲜料，在不同收集半径内，直接收集运输生物质原料会出现经济效益的负数；干料集体收集在由近到远的运输半径内，总体获利呈现先增长后下降的趋势，当收集半径超过 40km 时，每吨和总体经济效益都出现了负数，个人收集当运输半径超过 50km 后积极性会下降。

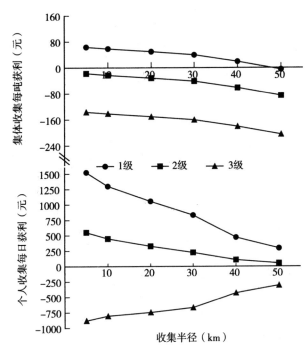

图 12-7　不同级别的烟秆与收集半径之间的关系

五、生物质燃料生产组织模式分析

生物质燃料的生产，按照当前的规模和现状，关键的收集、粉碎、造粒和封装链条，利润可分成两部分：第一部分为收集粉碎环节，第二部分为生物质燃料生产环节。第一部分为第二部提供生产原料，第二部分负责生产和销售生物质燃料烤烟。

结合根据上述分析，烤烟生物质燃料的生产在闭环自供环节可以利用如下三种模式："工厂＋烟农专业户"、"工厂＋烟农合作社"和开环采购模式。

1."工厂＋烟农专业户"生产模式（图 12-8）

在收集半径 15km 以内，在交通不便利、农户家里有农用车和种烟区域较为分散的地段，选定生物质秸秆目标原料后，以村为单位，待秸秆在田间地头晾晒干燥后，由分散的烟叶种植户或其他农户收集到自家的院场，按照生物质燃料初加工产品的要求粉碎后，以市场售价/物品交换（拿原料换燃料）的形式交售给生物质燃料挤压造粒厂。特别鼓励收集半径为 5km 以内的烟农专业户进行收集；对于收集半径在 5～10km 的专业户，鼓励利用空置场地把目标原料晾晒干燥，达到上述 1 级收购的标准，以减少运输费用。该模式化整为零，相对机动灵活，管理方便，节约成本。另外，农民利用农闲获得额外利润，积极性高，是生物质成型颗粒燃料收集最理想的模式。

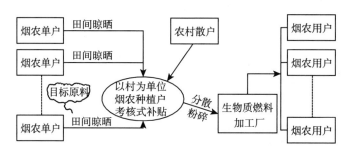

图 12-8 "工厂＋专业户"加工模式图

2."工厂＋烟农合作社"组织生产模式（图 12-9）

在收集半径 50km 以内，交通便利、种烟区域较为集中的地段，目标生物质秸秆原料干燥，达到 1 级认定烟秆收购价格，以烟农合作社收集为主体。烟草公司鼓励烟农把烟秆运输到烟农合作社指定地点，完成从小集中点到大临时集中点的转移，然后把生物质原料初加工粉碎，控制水分达到一定要求后，直接运输调拨至生物质成型颗粒燃料加工厂内。

3.开环采购模式

选择生产规模较大的生物质燃料生产厂家，设定成型颗粒的参数，采取招标或者季节性采购的方式，批量采购市面上供应的生物质燃料。目前，河南已有十余家规模较大的生物质成型燃料生产企业，年生产能力超过 150 万 t，销售量在 100 万 t 左右。其中，注册资金 1 000 万元以上的有 5 家，年生产

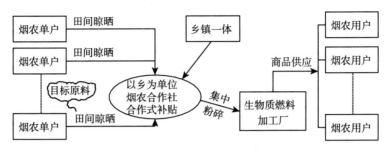

图 12-9　"工厂＋烟农合作社"收集加工模式图

能力均超过 10 万 t。这些企业重点分布在南阳、商丘和郑州。南阳和商丘的企业多属于资源导向型，郑州的企业多属于市场导向型。为下一步河南省生物质燃料替代燃煤烤烟供热提供了有力的支撑。

小　　结

烤烟用生物质成型颗粒燃料的生产组织方式，重点在场地建设上，难点在目标原料的收集上。受现有煤炭价格市场因素的影响，秸秆收集后加工生物质燃料产品附加值较低，导致目前清洁能源生物质燃料无法在烤烟供热中普遍应用。

在生物质燃料烤烟供热的初始阶段，燃料的来源应该采取开环和闭环的形式采购。受河南烟区农村场地的限制，在闭环生产环节，应该把目标原料收集和成型颗粒燃料加工分开为两个单独环节进行运作。

对可再生能源的外部性进行研究。可再生能源的发展应以公共利益为核心，通过合理的税费征收与补偿政策将可再生能源的生产成本分摊到所有能源产品中。Niels. I. Meyer、Anne Koefoed 认为对可再生能源项目实行补贴政策，如风电机安装，以实现其设备容量和总产出率的有效放大，可减少其市场化的价格阻力。

对生物质燃料烤烟供热项目，政府重视程度有待增强，从河南省烟草公司的角度出发，应该加大对生物质燃料应用烤烟供热的补贴。以云南曲靖为例，2015—2017 年推广生物质燃料时，云南烟草公司鼓励烟农使用生物质燃料烤烟，密集烤房每炕补贴 280 元，2018 年每炕补贴 240 元，2019 年每炕补贴 100 元。从补贴下降的趋势来看，在将来全面推广后可能取消生物质燃料补贴。

经过实地调研发现，我国玉米秸秆的收储运规模较小，社会化经营主体缺乏，群众参与度低，秸秆的收储运产量少且不稳定。主要原因如下：我国农业机械化快速发展，但现代化秸秆收储方式处于起步阶段。改革开放以来，特别是 2000 年以来，大宗粮食作物的生产方式由传统的人畜力收割和拖拉机运输为主的传统小农作业方式，快速向大型机械化收割为主的作业方式发展。河南省目前还没有出现大规模秸秆收储的专业经营主体，也没有形成大规模的推广利用格局。

受经济因素的影响，生物质成型颗粒燃料烤烟供热可以采用闭环式生产和开环式采购模式。闭环式组织生产模式根据不同的经营主体分为："工厂＋烟农专业户"生产模式和"工厂＋烟农合作社"生产模式；开环式采购模式依据烤烟供热的规模，可以有目的地选择生产规模较大的生物质燃料生产厂家进行合作。

参 考 文 献

何伟，戚风，王永良 .2012. 秸秆生物质燃料的生产及效益分析［J］. 黑龙江科技信息（1）：3.

李慧 .2011. 对循环农业的哲学思考与发展道路探索［D］. 太原：太原科技大学 .

邢爱华，马捷，张英皓，等 .2010. 生物柴油全生命周期经济性评价［J］. 清华大学学报（自然科学版）（6）：923 - 927.